畦田灌溉精准调控
QITIAN GUANGAI
JINGZHUN TIAOKONG
LILUN YU JISHU
理论与技术

刘凯华　缴锡云　李　江◎著

河海大学出版社

HOHAI UNIVERSITY PRESS

·南京·

图书在版编目(CIP)数据

畦田灌溉精准调控理论与技术 / 刘凯华,缴锡云,
李江著. -- 南京 : 河海大学出版社,2023.12
ISBN 978-7-5630-8813-3

Ⅰ. ①畦… Ⅱ. ①刘… ②缴… ③李… Ⅲ. ①畦灌
Ⅳ. ①S275.3

中国国家版本馆 CIP 数据核字(2024)第 003781 号

书　　名	畦田灌溉精准调控理论与技术	
	QITIAN GUANGAI JINGZHUN TIAOKONG LILUN YU JISHU	
书　　号	ISBN 978-7-5630-8813-3	
责任编辑	齐　岩	
特约编辑	朱志航	
特约校对	李　萍	
封面设计	徐娟娟	
出版发行	河海大学出版社	
地　　址	南京市西康路 1 号(邮编:210098)	
电　　话	(025)83737852(总编室)	
	(025)83722833(营销部)	
经　　销	江苏省新华发行集团有限公司	
排　　版	南京布克文化发展有限公司	
印　　刷	广东虎彩云印刷有限公司	
开　　本	718 毫米×1000 毫米　1/16	
印　　张	13.25	
字　　数	201 千字	
版　　次	2023 年 12 月第 1 版	
印　　次	2023 年 12 月第 1 次印刷	
定　　价	78.00 元	

前言

　　畦灌具有投资少、技术简单等优点,一直是世界上应用最为广泛的灌水方法之一。基于我国水资源与能源短缺,以及广大农村地区的灌溉技术管理水平较低的现状,大面积推广喷、微灌等高效节水灌溉技术在一定程度上还受到经济发展水平及耕地经营方式的制约,畦灌在今后相当长的一段时间内仍将是我国灌水技术的主要形式,其灌溉技术的改进与完善对缓解农业水资源短缺等问题具有重要意义。

　　由于畦田入渗参数、糙率系数、田面微地形等自然要素广泛存在时空变异,灌水流量、改水成数等灌水技术要素也存在着显著的控制误差,而传统畦灌设计方法难以应对参数变异的难题,导致灌水质量波动过大,实际灌水效果与设计预期相去甚远。针对上述难点,本书着力解决灌水质量波动大、肥料沿畦长方向分布不均、田面水流运动调控手段匮乏等问题,采用田间试验、数值模拟及理论分析相结合的方式开展主线研究,以实现技术要素精准调控,提升畦灌质量。

　　本研究工作得到了国家自然科学基金(51879073,52309048,50679021,51609064,50979025)、国家科技支撑计划课题(2006BAD11B02-01,2011BAD25B02-3)和江苏省重点研发计划(BE2022390)的资助,谨此致谢!

　　在研究过程中,王维汉、郭维华、顾哲、Mohamed Khaled Salahou、王树仿、王志涛、张仙、许建武、朱艳、王颖聪、阿不都加帕尔、刘懿、王辉、王耀飞、王欣、赵馨、顾晶、庄杨、杨静、丰莎、汝博文、刘敏、桑红辉、安云浩、柳智鹏、程明瀚、巫纾予、吴天傲、潘小宝、张营、卢佳、毛程阳、陈俊克、聂倩文、解学敏、查理、徐雷、丁晓梦、刘星辰、林人财、陈晓宇、刘永、胡伟钰、李焕弟、潘艳川、姚镇、尚明、史传萌、苏明晓等做出了贡献，在此一并感谢！

本书分析了畦灌参数的变异性及对灌水质量的影响，制定了畦灌精准调控技术方案，现已在河北省石津灌区投入工程实践应用，在华北节水限采国家行动中发挥了重要作用，取得了较好的社会、经济和生态效益。但本书研究结论是在华北灌区畦灌条件下得到的，为了畦灌精准调控技术方案的全面推广与应用，还需在不同地区开展进一步验证性研究。此外，由于笔者水平有限，不足之处在所难免，诚请读者批评指正。

目录

第1章

绪论

1.1　研究背景与意义

地面灌溉是目前世界上应用最广泛的灌水方法，据统计，地面灌溉面积约占全世界灌溉面积的 90％，在我国占 95％以上，其中沟畦灌溉占了大部分。灌溉农业的可持续发展在很大程度上取决于沟畦灌溉技术的改进与完善。目前，我国地面灌溉的灌水质量（如灌水均匀度、灌水效率等）仍然不高，因此在水资源日益紧缺的形势下，提高灌水质量仍然是地面灌溉技术的研究重点。

畦灌具有投资少、技术简单、群众容易掌握等优点，多年来一直被广泛采用，也是我国主要农田灌溉方法之一[1-2]。目前，由于田间灌溉工程设施不够完善、灌溉流量不合理、畦田自然参数存在变异性等，我国田间灌水质量不高，浪费较为严重。较低的田间灌水效率导致了灌溉水的深层渗漏，并将化肥和农药带入深层土壤和地下水中，导致农业面源污染及土壤涝渍盐碱化，破坏了农田生态环境。改进畦灌技术措施，提高灌水质量，可以大幅度减少灌溉过程中的水量损失，这对改变我国沟畦灌溉的落后状况、改善农田生态环境、从整体上缓解农业水资源短缺的矛盾、促进灌溉农业的可持续发展具有重要的现实意义。

鉴于我国水资源与能源短缺、广大农村地区的灌溉技术管理水平较低的现状，大面积推广喷、微灌等先进灌水技术还受到经济发展水平及土地经营方式等限制，因此我国在今后相当长的一段时间内，仍须加大畦灌技术的研究，大力推广节水型地面灌溉技术。当前畦灌存在以下亟待解决的问题：

（1）畦灌入渗参数、糙率系数、田面微地形等自然要素广泛存在时空变异，灌水流量、改水成数等灌水技术要素也存在着显著的控制误差，而传统畦灌设计方法难以应对参数变异的难题，导致灌水质量波动过大，实际灌水效果与设计预期相去甚远。

（2）降雨产流形成的畦田土壤初始含水率沿程分布不均匀，会通过影响土壤入渗性能进而影响畦灌水流运动特性，使得按一般情况设计的畦灌技术要素难以取得较高灌水质量。

（3）传统的化肥均匀撒施方式未考虑灌溉水流对其的推移作用，使得化肥实际用量沿畦长方向逐渐增加，出现"前少后多"的现象，导致畦田前后的化肥丰歉差异显著，降低了化肥的利用效率，同时给农田面源污染防控带来了困难。

（4）传统畦灌设计采用流量恒定、坡度均一的方式，在水动力学机制上不能实现田面水流推进曲线与消退曲线平行，从而在原理上不能改变水分分布不均的现象，因此需要突破传统思维，将多级流量、多级坡度纳入灌水技术要素，为进一步提升灌水质量提供新的手段。

本书以畦灌为研究对象，分析灌水质量各影响因素的变异规律，模拟各影响因素变异性对灌水质量的影响，提出土壤初始含水率沿程不均匀条件下畦灌技术要素调控、基于溶质对流扩散动力特性的畦田灌水施肥技术要素设计、基于变流量（或变坡）的精准调控灌溉设计、自适应调控畦灌等多种畦灌精准调控理论与技术，解决了多项提升灌水施肥质量的"卡脖子"问题。研究成果对提高我国地面灌溉技术水平、缓解农业水资源短缺具有非常重要的意义。

1.2　畦灌的基本概念与灌水质量评价

1.2.1　基本概念

畦灌　畦灌是指将田块用畦埂分隔成许多矩形条状地块，灌溉水以薄层水流的形式输入田间并渗入土壤的灌水方法。畦灌又分末端封堵和尾端自由排水 2 种，我国的畦灌多属于前者，称为封闭畦灌。畦灌通常适用于大田作物。

入渗　入渗是指水分从土壤表面进入土壤的过程。入渗是灌溉过程中非常重要的一个环节，因为灌溉水正是通过入渗才被转化为土壤水从而被作物吸收利用。

入渗率　单位时间内通过单位面积的土壤表面入渗的水量，称为入渗率，常用 i 来表示，其单位一般为 mm/min 或 cm/min。入渗率也称入渗强度。

累计入渗量　在某一时段内,通过单位面积的土壤表面入渗的水量,称为累计入渗量,常用 I 来表示,其单位一般为 mm 或 cm。

灌水技术要素　畦灌的灌水技术要素主要包括畦田规格、入畦流量、改水成数(或灌水持续时间)。畦灌设计的任务就是以完成计划灌水定额为前提,确定合理的灌水技术要素,以得到较高的灌水质量。

1.2.2　灌水质量评价

(1) 地面灌溉的灌水过程

从畦首灌水的时刻开始计时,灌水流量改变的时间记为 t_{ci}(若在灌水阶段流量改变多次,则 $i = 1, 2, 3\cdots\cdots$),畦首停水时间记为 t_1,畦首水深减小到 0 的时间记为 t_2,田面水流推进到畦田尾端的时间记为 t_3,畦田水深全部减小到 0 的时间记为 t_4。畦灌过程可分为以下 5 个阶段:

①恒定流量进水阶段($t \leqslant t_{c1}$);

②变流量进水阶段($t_{c1} < t \leqslant t_1$);

③畦首消退阶段($t_1 < t \leqslant t_2$);

④田面消退第一阶段($t_2 < t \leqslant t_3$);

⑤田面消退第二阶段($t_3 < t \leqslant t_4$)。

如果停水时间过晚,畦首水深尚未减小到 0 之前推进锋已经到达了畦田尾端,则不存在田面消退第一阶段,而在畦首消退阶段后直接过渡到田面消退第二阶段。反之,如果停水过早,推进锋到达畦田尾端之前畦田水深已经全部减小到 0,则不再有田面消退第二阶段,也就是田面水流还没有推进到畦尾就已经全部渗入土壤了。

(2) 灌水质量评价指标

地面灌溉的目标,是在满足作物需水量要求的同时,使得灌溉水分均匀分布在计划湿润层。常用的地面灌溉灌水质量评价指标有三个,分别是灌水效率 E_a、灌水均匀度 D_u 和储水效率 E_s[3-4]。E_a 定义为计划湿润层内增加的水量与田间灌水量的比值;D_u 是反映灌溉水量在田间入渗分布均匀程度的统计指标;E_s 定义为储存于计划湿润层的水量与计划湿润层需水量的比值。E_a、D_u 和 E_s 均以百分比表示,且越接近 100% 表明灌水质量越好。三个灌水质量评价指标计算公式如下:

$$E_a = \frac{\sum_{i=1}^{n} r_i}{\sum_{i=1}^{n} z_i} \tag{1.1}$$

$$D_u = 1 - \frac{\sum_{i=1}^{n} \left| z_i - \frac{1}{n} \sum_{i=1}^{n} z_i \right|}{\sum_{i=1}^{n} z_i} \tag{1.2}$$

$$E_s = \frac{\frac{1}{n} \sum_{i=1}^{n} r_i}{z_r} \tag{1.3}$$

式中:r_i 为观测点计划湿润层入渗水深,mm;z_i 为观测点总入渗水深,mm;n 为观测点数量;z_r 为灌水定额,mm。

除此之外,还有一些灌水质量评价指标,如深层渗漏率 D_p、最小四分之一灌水均匀度 DU_{lq}[5],可以为灌水质量的评价提供参考。

$$D_p = \frac{W_{brz}}{W_a} \tag{1.4}$$

$$DU_{lq} = \frac{z_{lq}}{\sum_{i=1}^{n} z_i} \tag{1.5}$$

式中:W_{brz} 为深层渗漏水量,m³;W_a 为灌水量,m³;z_{lq} 为沿畦田长度方向上入渗水量最少的 1/4 畦段内的平均入渗水深,mm。

对于常用的地面灌溉灌水质量评价指标灌水效率 E_a、灌水均匀度 D_u 和储水效率 E_s,三者之间存在复杂的相互关系,且不可能同时达到最优[6]。研究表明,E_a 和 D_u 对灌水质量的影响较 E_s 更大,因此常用 E_a 和 D_u 的综合处理(如求和、取平均值等)作为地面灌溉方案优化的目标[7-9],最常用的为 E_a 和 D_u 的

几何平均值,即灌水质量综合值 M:

$$M = \sqrt{E_a \cdot D_u} \tag{1.6}$$

1.3 国内外研究现状及发展动态

1.3.1 灌水质量影响因素的变异规律

土壤入渗参数、田面糙率、坡度等自然因素对地面灌溉的灌水质量有着重要影响,是地面灌溉方案设计与优化的基本参数[1,10-11]。传统地面灌溉通常是在土壤入渗性能一致、田面糙率均一、农田坡度平坦等假定的基础上进行灌水方案设计。然而,由于农田土壤非均质分布、作物长势不一等自然原因以及土地平整后的耕作、灌水、施肥等人为活动干扰,土壤入渗参数、田面糙率、畦田坡度等自然因素具有较强时空变异性[12-13]。地面灌溉以田面土壤为输水和受水界面,自然因素的变异势必会改变灌水过程中的田面水流推进及消退时间,导致沟畦各处入渗水量分布偏离预期,从而降低灌水质量。因此,国内外很多学者对地面灌溉自然因素的变异性及其对畦灌水流运动的影响进行了研究。

（1）入渗参数的变异性及其对灌水质量的影响

土壤入渗性能是影响地面灌溉水流运动和灌水质量的重要因素,其时空变异性大大增加了精细地面灌溉的设计与管理的难度[12]。由于土壤水分入渗过程复杂,影响因素众多,土壤入渗过程多用半理论半经验或者纯经验性质的入渗模型进行描述,如 Kostiakov 模型、Horton 模型、Green-Ampt 模型、Philip 模型等,其中 Kostiakov 模型因其求解简便、精度较高被广泛运用[14-16]。模型中的参数即土壤入渗参数,是反映土壤入渗性能的重要指标。

目前入渗参数的获取有三种方法:直接测定法、间接计算法和灌水模拟法。直接测定法主要是用双环入渗仪等仪器在田间进行入渗试验,观测入渗速率进而得到入渗参数[17-19]。该方法可以较为准确地测定某一位置的土壤入渗参数,但是想要测定畦田的土壤入渗参数需要的田间工作量过大,因此较少被使用。间接计算法主要是通过农田灌水资料估算入渗参数,包括一点法[20]、两点法[21]、Maheshwari 法[22]、改进 Maheshwari 法[23]等,这些方法计算量大,所需灌水资料较多,通常实用性较差。随着计算机技术的发展以及地面灌溉数值模型的提出,灌水模拟法被广泛使用,这种方法是运用地面灌溉数值模型模拟实际灌水,通过不断调整输入的入渗参数,使得模拟的推进、消退过程与实测值误差最小,从而确定入渗参数[24]。这种方法可以较准确地获取沟畦整体入渗参数,因而被广泛运用[5]。

国内外学者已经对土壤入渗性能的变异性进行了大量研究,指出入渗性能在不同沟畦中存在较大的变异性,且其变异性对灌水质量影响较大[25-29]。Bautista 和 Wallender[30]计算得出土壤稳定入渗率和累积入渗量的变异系数分别高达 21％和 53％。Zapata 和 Playan[31]在 27 m×27 m 的田块中设置了81 个观测点进行入渗性能评价,计算得到的稳定入渗率的变异系数达到了57％。Trout 和 Mackey[32]针对沟灌土壤入渗性能进行研究,指出灌水沟土壤入渗率的变异系数为 10％～100％,平均值约为 25％。何锦等[33]研究了入渗参数在区域尺度的变异性,表明入渗参数服从正态分布且属于中等强度变异,在空间上没有明显的分布规律。

Oyonarte 等[34-35]定量分析了不同自然因素对入渗水深的空间变异性的贡献程度,得出的结论为入渗参数变异性是导致沟灌入渗水深空间变异性的主要原因。聂卫波等[36]通过大田灌水试验,得出土壤入渗参数变异性对田面水流推进过程以及灌水质量具有较大影响的结论。朱艳等[37]通过畦灌试验与数值模拟的方法研究了入渗参数变化对畦灌灌水效率和灌水均匀度的影响,认为土壤入渗参数对畦灌灌水质量具有较大影响,因此在畦灌设计和管理过程中入渗参数的变差不可忽视。Schwankl 等[38]评价了入渗参数、流量、沟断面形状、糙率等因素变异性对灌水质量的影响,指出入渗参数变差对灌溉性能的影响仅次于流量。雷国庆和樊贵盛[39]指出 Kostiakov 入渗模型中入渗系数变差对灌水质量的影响大于入渗指数变差对灌水质量的影响。聂卫波等[40]分析了入渗参数变差下各个灌水质量指标的变化,指出入渗参数变异导致灌水均匀度、储水效率以及灌水效率等指标均降低,且灌水均匀度降低幅度最大。Bai 等[41-42]综合分析了入渗参数和微地形的变异性对灌溉性能的影响,结果表明灌水质量随着入渗参数和微地形的变异性的增加而降低,且入渗参数变异性对灌水质量的影响随着田面平整精度的提高而增加,因此在平整情况较好的农田的灌水设计和管理过程中更应重视入渗参数的变异性。蔡焕杰等[43]通过田间试验研究了冬小麦—夏玉米轮作条件下的年内不同灌水时期入渗参数的变异性,结果表明入渗系数和入渗指数在同一年度内的不同灌水时期有着明显差异。

(2) 糙率的变异性及其对灌水质量的影响

田面糙率是影响田面水流运动过程的重要因素,是地面灌溉方案设计的基础参数之一。田面糙率是对水流运动阻力大小的综合反映。在地面灌溉系统中,田面糙率的大小受多种因素影响,包括田面粗糙程度、土壤质地和作物种植生长情况等[24]。在不同种植作物、不同生育期、不同田间耕作条件下,田面糙率的差别较大。

田面糙率难以直接测定,一般是通过间接计算法或灌水模拟法获取。间接计算法是指通过灌水过程中测得的灌水流量、田面水深、坡度等资料,利用水力学的方法计算糙率系数[44-45]。这种方法所需观测数据较多,且没有考虑作物生长情况,实用性较差。田面糙率的灌水模拟法和入渗参数的灌水模拟法类似,也是通过调整地面灌溉数值模型中的糙率输入值来模拟实际灌水过程,进而获取沟畦整体糙率[46-49]。无论是间接计算法还是灌水模拟法,都假定沿畦长各点的田面糙率是一致的,即研究的田面糙率代表总体的平均田面糙率[13,24,50]。

针对田面糙率的变异规律,国内外学者开展了一定研究。李力和沈冰[51]通过 29 块不同田面类型畦田的灌水试验,研究了有无作物、是否翻耕条件下的田面糙率,表明不同地表状况下田面糙率差异较大,认为导致糙率差异的主要因素是地表凹凸程度和作物根茎高度、宽度。Schwankl 等[38]评价了入渗参数、流量、沟断面形状、糙率等多种因素变异性对灌水质量的影响,指出糙率变差对灌溉性能的影响仅次于流量和入渗参数。Maheshwari 等[52]利用多种地面灌溉数值模型研究了坡度、糙率、入渗参数、沟断面形状等多种因素对田面水流推进、消退过程的影响,结果表明糙率对水流运动过程影响较大,其重要程度在众多影响因素中排在前三。Bora 和 Rajput[53]在种植作物为马铃薯的条件下研究了田面糙率的时空变异性,指出糙率符合正态分布且标准偏差较大。聂卫波等[36]以大田灌水试验为基础,研究了沟灌条件下田面糙率和土壤入渗参数变异性对灌溉性能的影响,指出田面糙率变差对田面水流推进时间以及灌水质量的影响较入渗参数变异性的影响小。王维汉等[13]利用曼宁公式计算了26块裸地畦田的糙率并进行灌水试验,研究糙率变异对畦灌的影响,结果表明田面糙率的变异属于中等强度,其变差对畦灌灌水质量影响较大,他们认为畦灌设计和管理过程中糙率变异性不容忽视。目前的研究主要集中在不同沟畦间糙率的空间变异性方面,而对沟畦间糙率的年际时间变异性的研究较少。

(3) 畦田坡度(微地形)的变异性及其对灌水质量的影响

畦田坡度是畦灌地表水流推进的主要动力之一,合适的畦田坡度有利于改善水流的推进过程,进而提高灌水质量。在同一畦田内,不同畦段的坡度差异是田面微地形的反映。

随着农业机械化的发展,激光或卫星控制土地精细平整技术已在我国部分地区农田中得到应用,并取得了一定的节水和增产效益[54-58]。但是就中国乃至全球农业机械发展水平而言,短时间内大范围推广应用激光、卫星精细平整农田技术尚难以实现[59-60]。

坡度虽然是可以人为控制的因素,但设计地面灌水方案时,坡度通常是给定的农田条件,因此将坡度归入自然因素。分析畦田整体坡度以及畦内微地形对灌水质量的影响规律是制订合理的地面灌溉方案的重要基础,因而国内外学者已对其开展了研究,并取得了一些成果。

聂卫波等[61]在大田实验的基础上,通过对不同坡度的畦灌进行模拟,研究了坡度对灌水质量的影响,结果表明在一定范围内随着坡度增加,灌水效率逐渐增大,而灌水均匀度和储水效率逐渐减小。郑和祥等[62]研究了坡度对灌水质量的影响,得到不同灌水定额、灌水流量、微地形和糙率组合下的最佳坡度,并指出在较小的灌水流量条件下,相对较大的坡度会使水流运动过程更加稳定,有助于提高灌水质量。

微地形的变异性一般采用田面高程变异性或田面平整程度表示[63-64]。Derick[65]通过 400 m×400 m 水平畦田中的实测数据对田面高程变异性进行评价,得到常规平地和激光平地条件下田面高程标准差,且高程数据符合正态分布。白美健和许迪[66]分析了 166 个畦块内间距为 5~10 m 的大量测点的相对高程数据,结果表明各田块内田面相对高程的变异系数范围为 19%~73%,均属于中等强度变异。Zapata 和 Playan[31]通过模拟分析得出微地形变异性对灌水质量和作物产量有较大影响的结论。白美健等[67]利用蒙特卡罗法和半方差分析法随机模拟了微地形分布,并进一步模拟了微地形变异性对灌水质量的影响,结果表明田面相对高程标准差大于 3cm 时,微地形变异性较大且会显著影响畦灌的灌水质量。李益农等[68]通过对比不同田面平整程度的畦灌试验资料,指出田面平整程度会显著影响畦灌灌水质量以及作物产量。朱霞等[69]研究了微地形空间变异性对沟灌灌水质量的影响,指出微地形空间变异性较大会显著降低灌水效率和灌水均匀度。

(4) 灌水流量和改水成数控制误差及其对灌水质量的影响

灌水流量的控制误差也是影响灌水质量的重要因素之一。在进行沟畦灌溉时,常通过输水管道将灌溉水输送到田间。由于实际灌水流量往往与设计流量有偏差,灌水质量常常不尽如人意。有研究表明,虹吸管的流量变差系数在 15% 左右,管道输水的流量变差系数能达到 25%,而软管灌溉系统的流量变差系数甚至可以超过 35%[70]。这种流量变差使得水流在沟畦间的推进表现出明显的差异。为此,许多学者对流量的差异性及其对灌水质量的影响进行了研究。Renault[71]和 Gharbi 等[72]研究了流量的波动对灌水质量的影响,认为流量的微小变动会对入渗过程产生较大影响,同时认为,灌水流量相对于设计流量上下波动 25% 时,灌水效率和灌水均匀度受影响不大,超过 25% 时,灌水质量将会受到较大影响。Rodriguez 和 Martos[73]认为灌水流量是存在波动的,并且采用稳健多目标逆向模型及 ANN 神经网络求解了灌水流量恒定和存在波动情况时的入渗参数和糙率,并开发了 SIPAR_ID 软件。Misra[74] 研究了灌溉水渠流量的空间变异规律,发现渠道实际流量与设计值相差较大,但并未分析流量的变化对灌水质量的影响。也有研究表明,管道流量较大的时空变异会降低微灌系统性能和作物产量。Calejo 等[75] 针对微灌系统管道流量存在较大的时空变异性,采用 ICARE 模型和 AKLA 模型评价了微灌系统性能,结果表明管道流量的时空变异降低了系统管道的输水效果。管孝艳等[76] 基于灌溉流量的径流过程,推求了地面灌溉的入渗参数,结果表明如果不考虑灌溉流量的时间变异性,会对入渗计算结果产生较大影响,进而影响灌水质量评价和管理。Horst 等[77] 测得沟灌的入沟流量的变异系数为 0.06～0.28。灌水流量的这种变异将会对灌水效率和灌水均匀度产生显著的影响,尤其是由于流量偏小导致水流不能顺利推进到沟畦尾部带来的影响最为严重,在灌水质量评价中,灌水流量的这种变异性不可忽略。而且有研究表明,沟长较长时灌水质量受流量变异的影响程度较低,而灌水效率在重壤土情况下受流量变异的影响程度较轻壤土更大。

改水成数是指灌溉停水时田面水流推进的长度与沟畦总长度的比值或成数。改水成数与灌水定额、土壤入渗能力、坡度等条件有关,是影响灌溉质量的一个重要因素。在国外,尤其是在美国和澳大利亚,由于灌溉畦田或沟较长,土壤入渗能力较低,而且大多采用畦(沟)尾敞开(Open-end)并弃水的形式,因此灌溉时通常用停水时间来控制入田水量。Santos[78] 采用 SRFR 软件,分析了灌水流量和停水时间对灌水均匀度的影响,得到了最优灌水流量和停水时间。Simon White 分析了不同的灌水流量和停水时间组合下的灌水效率、需水效率和灌水均匀度情况,认为灌水流量及停水时间对灌水质量影响较大,增加灌水流量和停水时间并不能完全改善灌水质量。任开兴[79] 通过田间试验,分析了灌水时间等要素对灌水均匀度、灌水效率和储水效率的影响,认为灌水效率随着停水时间的增加而增大,储水效率随着停水时间的增加而减小,灌水均匀度随着停水时间的增加而降低。

目前,很多学者针对畦灌参数的变异性进行了研究,但这些参数对灌水质量的影响规律尚不十分明确,而且在灌水质量评价及管理中如何考虑这些因素的变异性,这种变异性与其他技术要素的关系如何,或是如何降低这种影响程度等,尚需要进行深入研究。

1.3.2 地面灌溉施肥技术要素对肥料分布的影响

研究地面灌溉水流溶质运动规律的最终目的是确定灌水施肥质量较高的地面灌溉施肥技术要素组合。一般地面灌溉施肥技术要素有畦田规格、单宽流量、灌水时间、改水成数、施肥量、施肥时机和施肥方式等。影响这些要素的主要因素有土壤渗透参数、田面坡度、糙率与平整程度以及作物种植情况等。施肥量、施肥方式、入畦流量、土壤入渗性能、微地形、坡度等是影响地面灌溉施肥系统性能的重要技术要素,在土壤质地等其他要素确定的条件下,施肥量、施肥方式和入畦流量对土壤水氮时空分布和灌溉施肥质量的影响尤为显著[80]。

近十几年来,随着施肥造成的面源污染逐渐被人们认识以及灌溉施肥技术的不断完善,国外已对地面灌溉施肥方式下土壤氮素分布特性开展研究,分析了不同施肥时机和入畦流量等对水肥分布均匀性的影响[81]。Playán 等仅考虑对流的影响,用沟灌试验研究了不同入沟流量和施肥时机条件下肥料分布的均匀性,研究表明,当肥料供应时间比较短时,地面灌溉施肥的均匀度比灌水均匀度低,此外,在整个灌水过程中施肥有利于获得较高的肥料分布均匀系数。Adamsen 等[82]在固定入畦流量条件下,比较条畦灌溉期间 4 种施肥时机下的溴化物溶质在土壤中的分布状况,研究得出,对非砂质土壤而言,在畦灌全程施用溴化物可获得最佳溶质分布状况,而在畦灌前半程注入溴化物得到的结果与全程施用相比,无明显差异。Walton 等[83]分别用小田块和土柱试验研究模拟降雨条件下表施溴元素随地表径流的流失过程,发现土壤类型和结构是影响化肥在地表径流中流失的重要因素。Holzapfel 等[84]通过地面灌溉试验研究了地面灌水技术参数间的相关关系及其对产量的影响,用地面灌溉模型模拟了沟灌和畦灌过程,并用来确定有关灌溉参数,最后用线性函数模型对作物产量进行估计。试验中根据引水时间与水流前锋抵达灌水沟末端的时间之比和允许的深层渗漏量,提出了仅考虑沟灌系统中行水长度的优化方法。Bandaranayake 等[85]在大流量条件下分别用已耕作过和没有耕作过的土壤,研究了容易引起化学反应和不易引起化学反应的肥料在这两种土壤中的入渗深度随时间的变化情况。试验结果表明,溴离子在耕作过的土壤中的入渗深度比在没有耕作过的土壤深,反而容易引起化学反应的染色剂在没有耕作过的土壤内入渗深度比耕作过的土壤深,而且耕作和化肥施用时间是减少淋溶损失的有效途径。Jaynes 等[86]在砂壤土水平畦田内进行了地面灌溉施肥的田间试验,研究了不同施肥方式下 Br^- 和 o-TFMBA 分别在畦田长度和宽度方向的分布情况。研究表明 o-TFMBA 的分布情况较 Br^- 均匀,同时 Br^- 的入渗深度(0.69 m)明显比 o-TFMBA(0.42 m)大,而且沿畦长方向随距离的增大 Br^- 的质量增加,而沿畦宽方向呈现出 Br^- 自畦田中线向两侧增大的趋势。试验结果表明,化学灌溉实际上增加了农药的深层渗漏。

对于灌溉施肥来说,除了关注肥料分布的均匀度之外,还应关注肥料是否发生深层渗漏、淋失等问题。Izadi 等[87]为研究溶质在土壤中是否发生深层渗漏、淋失,以抛物线形沟为对象,测试了沟灌条件下 Br^- 的运移深度,试验时通过喷洒、喷灌和连续灌等不同灌溉形式进行试验,并重复 3 次得到 3 次灌水 Br^- 的锋面达到深度。Garcia-Navarro 等[80]为了验证畦灌施肥条件下溶质运移的对流-弥散模型和定量评价水动力弥散系数对溶质运移的影响,在不透水的畦田内进行了灌溉施肥(NH_4NO_3)试验,指出当水动力弥散系数取 $0.075\ m^2 \cdot s^{-1}$ 时,可以较好地描述畦田的肥料运移。研究还将所建立模型与纯对流模型进行了对比,指出纯对流模型与对流-弥散模型在估算施肥均匀性上存在显著差异,纯对流模型在均匀度低时会低估施肥的均匀性,在均匀度高时又会高估施肥均匀性,因此建议采用对流-弥散模型模拟地面灌溉施肥情况下的肥料运移分布。Abbasi 等[81]在长度、坡度和间距固定的沟,用 Br^- 模拟硝酸根研究施肥时机对溶质空间分布均匀性的影响,分别在自由排水和沟末端封闭情况下进行研究分析,得出在整个灌水过程中施肥或灌水的后半部分施肥可以获得比在灌水前半部分施肥高的肥料均匀系数。研究还表明,影响肥料分布均匀度的主要因素是土壤初始含水率、入沟流量、土壤入渗性能与田面糙率以及施肥时机,而肥料溶液浓度对肥料分布均匀程度的影响较小。通过固定长度和间距的封闭沟在不同水深条件下检测了水分和溶质 Br^- 的二维运动,结果指出,当采用较深的水深和较短灌水施肥时间时,水和溶质近似为一维垂向运动,在剖面上的分布较均匀,而且容易引起水分和溶质的深层渗漏;随着水深的减少和灌水(施肥)时间的增长,水和溶质呈现出明显的二维运动特征。Mailhol等[88]为了研究灌水深度对土壤氮素流失损失的影响,在黏性土上用长 1.5 m、末端封闭的沟进行灌溉施肥试验。结果发现,灌水深度大于或等于 240 mm 时,氮素在沟内各部分的分布呈现较明显的均匀特性。同时用二维模型进行模拟,模拟结果指出,二维模型应该用在比较低或中等灌水深度下的氮素淋失估算中。

国内许多学者在此方面也进行了相关的研究,并取得不少成果。白美健等[89]在冬小麦生长期表施尿素畦灌条件下进行田间试验研究,对不同入畦单宽流量和施肥量下土壤水氮空间分布状况及变化趋势开展研究,评价作物有效根系层土壤水氮贮存效率及其沿畦长分布均匀性,探讨了适宜的施肥灌溉模式。结果表明,灌后 2 d 土壤水分均布在 0~100 cm 土层,而土壤硝态氮则聚集在 0~40 cm 土层,土壤水分空间分布差异明显小于土壤硝态氮,作物有效根系层土壤硝态氮贮存效率明显高于土壤水分,表施尿素畦灌下的土壤水氮空间分布同步性并不明显。入畦流量和施肥量对作物有效根系层土壤水氮贮存效率和均匀度影响较为明显,高施肥大流量下作物有效根系层土壤水氮贮存效率及其沿畦长分布均匀性明显高于低施肥小流量下的相应值。梁艳萍等[90]对冬小麦生长期施用尿素条件下不同畦灌施肥模式的土壤水和氮时空分布状况及变化趋势开展研究,评价作物有效根系层土壤水氮沿畦长空间分布均匀性,同样探讨了适宜的畦灌施肥模式。结果表明,畦灌施肥模式差异对作物有效根系层土壤水分沿畦长空间分布状况及其分布均匀性的影响较小,而对土壤氮素的影响较为明显。马忠明等[91]研究了 4 种不同的施氮量对小麦玉米间作土壤硝态氮含量动态变化的影响。研究表明,0~200 cm 土层内硝态氮的含量随着施氮量的增加而增大,且随着土层深度的增加,土壤硝态氮含量总体呈降低趋势;研究还得出,土壤硝态氮向深层运移的量随施氮量增加而增加,优化氮肥施用比例、适当降低小麦播前施氮量可减小土壤硝态氮深层淋溶的风险。许祥富等[92]以尿素为氮源,研究不同施肥量对土壤中铵态氮和硝态氮垂直分布的影响。结果表明,施肥可显著增加0~40 cm土壤中铵态氮和硝态氮的含量,当施肥量超过0.6 kg/株时,增加施肥量不会显著高于0~40 cm土壤中铵态氮和硝态氮的含量。施肥量越大,淋溶到80~100 cm土层的铵态氮和硝态氮的量越大。高亚军等[93]通过田间试验研究不同施氮量与灌水量对春玉米和冬小麦土壤中硝态氮分布与累积的影响。结果发现,硝态氮累积量与作物生育期灌水量没有明显相关性,主要原因在于不同灌水量处理的施氮量也不相同,即灌水量对硝态氮累积量的效应被施氮量所掩盖,表明相对于施氮量来说,灌水量对硝态氮累积量的影响较小,但灌水量显著影响硝态氮累积和迁移的深度。所以施氮量和灌水量是决定农田硝态氮去向的两个主要因素,且具有同等重要性。陈子明和袁锋明[94]研究了氮肥施用对土体中氮素运移利用及产量的影响,综合分析土壤有效态氮在灌溉、施肥和降水等情况下在土壤中的入渗深度,并指出施氮量越高,流失量也越高,单施氮肥的流失量比复合施用要高,最后提出了防止或减少氮素流失的有效措施。孙宏德等在回填土式渗漏池内研究了氮肥不同施用量、不同品种、施肥方式及配合比条件下硝态氮的移动规律及其与玉米产量、氮肥利用率的关系。结果表明,施氮肥7 d后,有机硝态氮的移动、淋失主要发生在雨季,有机硝态氮的淋失与降雨关系密切,淋失量随着施肥量的增大而增加,不同品种及施肥方式也有差异,但不显著。氮肥与其他肥料混合施用的情况下可以明显减少硝态氮的移动淋失。赵竟英和宝德俊[95]利用田间渗漏池,对硝态氮移动规律及其对环境的影响进行了研究。分析结果表明,尿素、不同施氮量以及等氮素条件下不同品种氮肥均表现出随着施肥量的增加以及时间的延长,不同土层中的硝态氮含量的变化趋势不一样,而且一般淋失到1 m土层以下的硝态氮,淋失量随施氮量的提高而增加,研究中提出了比较合理的施氮量。黄绍敏等[96]研究了施肥对土壤硝态氮含量及其分布的影响。结果发现,在施氮量相同、肥料配合方式不同的情况下,土壤硝态氮含量有非常明显的差异,而且在氮肥单独施用情况下土壤中硝态氮含量的季节性变化变异系数也比较大,土壤耕层硝态氮的相对含量对降雨量大小的敏感性比较高,中层土壤硝态氮的分布在各情况下的差异不明显,对测定时间的敏感性低,而下层土壤的硝态氮分布不规律,随测定时期及处理不同差异较大。贾树龙等研究得出,表施尿素后随即灌水,肥料氮的淋溶深度随着灌水量的增大而加深,而淋溶过深时,则肥效下降。一般肥料氮淋溶深度不超过 0.4 m 时,肥效降低不显著;淋溶深度超过 0.4 m 时,氮肥利用率和肥效明显降低,并达到显著水平。李生秀等[97]利用田间试验研究了施用氮肥对提高旱地作物利用土壤水分的作用机理和效果。研究结果发现,施氮区与无氮区相比,消耗的土壤水分无明显区别,但由于施肥区显著增产,水分的利用率明显提高,表明施肥对提高水分利用率有利。在不同水肥处理的玉米试验田块上,分别对玉米和小麦进行了试验研究,取土样分析其有效氮、磷的变化,研究水肥配合对肥料中这两个养分的影响,提出不同因素之间的相关系数及其有关线性方程。试验的主要特点是仅考虑了肥料在土壤中的总残留量、被作物吸收量,没有考虑其分布的均匀性。

目前国内外很多学者已在畦灌灌水施肥技术要素对水肥分布的影响领域进行了不少研究,但是主要集中在渗入土壤后水肥的运移及分布规律,而在灌水过程中随着水流推进、消退运动,肥料的溶化及其在农田水平方向的运移、分布等规律尚缺乏深入研究,基于这些规律的畦田灌水施肥技术要素设计理论则更加匮乏。

1.3.3　地面灌溉数值模拟

地面灌溉的特点是操作简单,但是设计和优化较为复杂。数值分析是评价和模拟灌溉系统地表流动的重要工具。沟畦灌溉的数值分析始于 20 世纪 70 年代,旨在最大限度地利用有限的田间试验资料来优化设计沟畦灌水方案[98-99]。完整的地面灌溉数值模型同时包括田面水流运动模型和土壤水分入渗模型。

土壤水分入渗过程复杂,影响因素众多,为了准确便捷地描述土壤水分入渗过程,国内外学者相继提出了多种土壤水分入渗模型。最早的土壤水分入渗模型是达西于 1856 年提出的达西定律,这也是后来许多土壤水分入渗模型的基础。Green 和 Ampt[100]于 1911 年在简化的土壤物理基础上经数学推导提出了 Green-Ampt 模型。Richards[101]结合达西定律和水流运动连续方程,提出了 Richards 模型,这个模型是偏微分方程的形式。随后 Philip 在 Richards 模型的基础上提出了其解析解,并简化为 Philip 模型[102]。Kostiakov[103]将土壤水分入渗过程拟合为一个入渗时间的幂函数,得到了纯经验性质的 Kostiakov 模型。Horton[104]在入渗过程的物理概念基础上建立了半经验性质的 Horton 模型。此外,还有方正三等人提出的改进 Kostiakov 模型[105]、Smith 提出的降雨入渗模型[106]、蒋定生和黄国俊针对黄土高原地区提出的积水入渗模型[107]等多种土壤水分入渗模型。总体而言,在这些土壤水分入渗模型中,Kostiakov 模型因其求解简便、精度较高,运用最为广泛[108-113]。

对地面灌溉地表水流运动的研究始于 20 世纪初,但是由于地表水流运动的影响因素众多,且影响过程复杂,直到 20 世纪 70 年代,田面水流运动模型才随着计算机技术的快速发展而发展。目前,田面水流运动模型主要有完全水动力学模型、零惯量模型、运动波模型和水量平衡模型。

完全水动力学模型由水流的质量守恒方程和动量守恒方程组成,符合一维非恒定渐变流方程形式,即符合圣维南方程组。完全水动力学模型具有完备的理论基础,应用较为广泛。Singh 等[114]用此模型研究了畦灌,Shatanawi 和 Strelkoff[115]用此模型研究了沟灌。国内许多学者也用完全水动力学模型模拟了沟畦灌,取得了较好的效果[116-120]。

零惯量模型是对完全水动力学模型的简化,其忽略了完全水动力学模型中的惯性项[121-122]。由于模型较简单且准确性较好,零惯量模型应用较为广泛[123-128]。

为了让计算更简单,Walker 和 Humpherys[129]在假设水面坡度与田面坡度相差不大的基础上,进一步简化了完全水动力学模型,提出了运动波模型,随后也被一些学者继续使用[130]。

水量平衡模型是在质量守恒的基础上得到的,结构最为简单,但是精度通常不高,在对模拟结果准确性要求不严苛的情况下,也有一定的应用[131]。

除水量平衡模型外,完全水动力学模型、零惯量模型、运动波模型都是基于非恒定渐变流方程或是在非恒定渐变流方程基础上进行的简化。大量的实验已经证实在恒定流量条件下,非恒定渐变流方程或其简化形式是较为准确的[132-134],并且已经开发了一些基于这些模型的地面灌溉模型软件,如SIRMOD[135-138]、WinSRFR[139-142]、SISCO[143]、B2D[144-145]等。

但是当灌溉流量突然改变后,田面水流不再是非恒定渐变流,而是非恒定急变流,非恒定渐变流方程不再严格适用[146]。这时模型需要复杂的数值处理才能进行平滑计算,即便如此,非恒定渐变流方程也不能很好地描述局部水力效应附近的流动[147]。

完全水动力学模型理论完备、数值计算稳定、准确率高,但是较为复杂,难以求得解析解,只能用数值方法求解。其数值求解的方法主要包括有限差分法、特征线法、有限元法和有限体积法等。虽然有限差分法比较直观、简单[123],但它会导致推进锋区域的数值振动[148]。有限元法和有限体积法将计算域划分为不规则单元,有利于求解边界条件复杂、水面宽的二维流动[149-150],但计算过程复杂[151-152]。特征线法具有数学分析严谨、物理概念清晰、简单、精度高等优点,特别适用于完全水动力学模型这种双曲型偏微分方程[153]。此外,特征线法在计算流量瞬时变化时比其他方法更有优势[154]。目前,特征线法已被广泛应用于各种工程,如计算复杂管网中水流的水头和流速[155]、确定涡轮和压缩机边界条件[156]等。

但是,现在模拟地面灌溉时很少使用特征线法求解完全水动力学模型,主要有以下两个原因:① 特征线法通常是显格式的,时间步长受到限制,导致模拟长距离的沟畦灌溉时耗时较长;② 在推进锋附近,田面水流深度迅速趋近于零,采用特征线法计算推进距离时,数值难以收敛,需要较麻烦的数值处理[114]。

隐格式特征线法的提出消除了时间步长的局限性[157],解决了上述第一个问题。基于形状系数计算推进距离[158],是解决上述第二个问题的常用思路。然而,形状系数难以准确计算,通常取一个固定的经验值,一般为 0.7~0.8,而形状系数具有较强变异性[159],因此这种方法的准确性受到了置疑。目前已有许多研究试图对该方法进行修正,以提高其精度[160-162]。另外,若灌水流量突然变化,田面水流形状会发生较大改变,形状系数将随之变化且难以计算,基于形状系数准确计算推进距离将难以实现。

1.3.4 灌水技术要素优化

地面灌溉的目标就是将灌溉的水分均匀入渗到作物根系层中,做到既能满足作物需水要求,又不会造成深层渗漏而浪费水资源。要实现这一目标,需要确定合理的沟畦规格、灌水流量、停水时机等灌水技术要素[163-165]。在不同地区、不同季节、不同种植条件下,灌水技术要素的合理取值不尽相同。国内外学者已经根据田间试验资料进行了大量灌水技术要素优化研究,为提高地面灌溉的灌水质量做出了贡献。

为了方便农机作业,畦宽一般为农机宽度或其宽度的整数倍[166]。沟畦长度宜根据水源条件、土壤质地、农田坡度等实地情况确定。林性粹[167]建议,自流灌区的畦田长度为 50~100 m,抽水灌区的畦田长度为 30~80 m,井灌区的畦田长度为 10~50 m。《节水灌溉工程技术规范》(GB/T 50363—2018)[166]建议,自流灌区畦长不超过 75 m、灌水沟长不超过 100 m,提水灌区的灌水沟畦长度不超过 50 m。Chen 等[168]对黄河下游灌区畦田进行规格优化研究,指出改进的畦田规格可以大大提高灌水效率和施肥效率。马尚宇等[169]通过设置不同畦田规格进行小麦灌水试验并测量了小麦一系列生理指标,指出 80 m 畦长的水分利用率和作物产量最高。

一些学者建议增加灌水流量,以提高灌水质量[170]。但是 Morris 等[171]通过对各种土壤质地、作物种植等情况下不同灌水流量的灌水质量进行研究,指出增加灌水流量并不会显著提高灌水质量。黄泽军等[172]进行了 50 m 小畦长下不同流量的冬小麦畦灌试验,结果表明单宽流量为 $3.0\ \mathrm{L \cdot s^{-1} \cdot m^{-1}}$ 的畦灌下的灌水质量和作物产量较 $2.0\ \mathrm{L \cdot s^{-1} \cdot m^{-1}}$ 和 $4.0\ \mathrm{L \cdot s^{-1} \cdot m^{-1}}$ 高。王维汉[173]对不同流量的畦灌进行模拟,指出在不冲流速限制内,畦灌单宽流量过大或过小均会导致灌水质量下降,在常见畦长(80~120 m)下单宽流量取 $4~7\ \mathrm{L \cdot s^{-1} \cdot m^{-1}}$,可以获得较高的灌水效率和灌水均匀度。

在沟畦灌溉系统中,选取恰当的停水时机是保障作物需水要求、提高灌水质量的重要手段之一。停水过迟会导致灌水量超出作物需水要求,造成水资源浪费;停水过早会导致灌水无法满足作物需水要求,作物因得不到有效灌溉而减产。大量研究表明,不同的停水时机对灌水质量影响较大[174-175]。Salahou 等[5]指出在畦尾闭合的畦灌系统中,合理的改水成数可以在一定程度上平衡因自然因素变异性导致的灌水质量波动,使得灌水质量保持在相对较高的水平。白美健等[176]提出了综合改水成数和灌水延时率的停水控制指标 R,通过模拟给出了不同土壤质地、田面平整程度、畦田长度、坡度等条件下的 R 优化值。王维汉等[177]统计了大田畦灌的改水成数误差,并通过模拟的方式研究了改水成数对灌水质量的影响,指出实际灌溉中改水成数具有较大误差,其误差对灌水质量影响较大,并建议提高灌水流量以减小改水成数误差的影响。

沟畦规格、灌水流量、停水时机等灌水技术要素的优化通常是相互影响的,因此许多学者对多种灌水技术要素同时进行了综合优化。Santos[175]分析了灌水流量和停水时机对土壤水分分布均匀性的影响,提出了灌水流量和停水时机的最优组合。马娟娟等[178]以高灌水效率和高灌水均匀度为目标,建立了灌水流量和停水时机的优化模型,并利用多目标优化模糊解法进行了求解。范雷雷等[179]针对河套灌区,通过田间试验、数值分析等方法,建立了灌水技术要素的优化模型,并利用冒泡法求解,得到了灌水流量和停水时机的优化组合。朱大炯[180]利用泾惠渠灌区大田资料,利用二次回归正交试验法对畦田规格、灌水流量和改水成数进行了优化研究,提出了适合该灌区的灌水技术要素方案。涂书芳[181]构建了人工神经网络畦灌评价模型,并利用大量的模拟畦灌数据获得了畦灌流量和停水时机的优化组合。缴锡云等[182]基于田口稳健设计理论,提出了畦灌流量、改水成数和畦田规格等灌水技术要素组合的稳健设计方法,提高了灌水质量及其稳定性。

上述灌水技术要素的优化设计都是针对恒定流量的,即保持灌水流量不变直到停水,具有一定局限性。变流量地面灌的提出拓宽了灌水技术要素设计范围,进一步提高了灌水质量。波涌灌最早由美国学者 Stringham 和 Keller 提出,特点是以一定的时间周期间歇地向沟畦供水[183-186]。在设计和管理得当的条件下,波涌灌可以减少深层渗漏,提高灌水质量[187-188]。汪志荣等[189]通过分析不同管理参数下的波涌灌的灌水质量,确定了波涌灌的优化方案。孟元元等[190]通过大田实验评价了波涌灌对西兰花种植效益的影响,指出波涌灌可以显著提高灌水质量和作物产量。王文焰等[191]通过大田实验和理论分析,研究了浑水波涌灌的节水效果及机理,指出浑水波涌灌的高灌水质量是泥沙和间歇供水共同作用的结果。孙晓琴等[192]采用可移动式的输水软管对冬小麦畦田进行波涌灌并与传统恒定流量灌溉进行了对比,结果表明波涌灌可以显著提高灌水效率和灌水均匀度,节水率达到 13.3%。

在华北平原进行的波涌灌适应性分析表明,当畦长小于 100 m 时,波涌灌的灌水质量并不比传统恒定流量畦灌高,而随着畦长增加,传统恒定流量畦灌的灌水质量下降幅度远大于波涌灌,因此波涌灌较适合大畦长地区。

除波涌灌外,国内外学者还提出了增流量灌溉和减流量灌溉的灌水技术方案,即在灌水过程中当水流推进到某一位置(多为沟畦长度的四分之一或一半)时增大/减小灌水流量。Alazba[193]模拟了不同入渗参数、坡度、糙率条件下恒定流量灌溉和减流量灌溉,指出减流量灌溉可以提高灌水质量。Valipour[194]利用 SIRMOD 软件模拟了恒定流量灌溉、减流量灌溉和波涌灌,结果表明减流量灌溉和波涌灌可以分别提高灌水效率 11.66% 和 28.37%。Vázquez-Fernández 等[195]比较了恒定流量灌溉和增流量灌溉(当水达到灌水沟长度的四分之一或一半时流量加倍)在尾端封闭型沟灌中的灌水质量,指出增流量灌溉可提高灌水均匀度 9% 左右。Liu 等[196]通过大田实验和数值模拟的方式,对比分析了尾端封闭型畦田中恒定流量灌溉、增流量灌溉和减流量灌溉 3 种灌水技术的灌水质量,结果表明减流量灌溉的灌水效率、灌水均匀度和储水效率均较高,减流量灌溉显著优于恒定流量灌溉和增流量灌溉。

目前国内外对变流量灌溉已进行了一定的研究,但是这些研究大多仅关注变流量灌溉对灌水质量的影响,通过试验或模拟优选出灌水质量较高的变流量灌水技术方案,而较少研究灌溉水流运动过程对于流量调控的响应规律,这也限制了变流量灌溉技术的进一步发展。

传统的恒定流量灌溉和变流量灌溉本质上都是在获取土壤入渗参数、田面糙率、坡度等自然因素后,设计一组优化的灌水技术要素并应用于不同农田。但是由于自然因素的变异性,传统地面灌溉的灌水质量往往波动较大,导致整体灌水质量较低。随着自动控制灌溉技术发展而提出的实时调控地面灌溉可以有效解决这一问题,实现针对每条灌水沟畦“因地制宜”地制订灌水技术方案。

实时调控地面灌溉研究始于 20 世纪 80 年代,基本思路是在灌水过程中根据观测到的变量(比如水流推进时间)相应调节流量、停水时机等灌水技术要素,做到“一畦(沟)一方案”。Reddell 和 Latimer[197]提出了尾部敞开型地面灌溉的推进速率反馈控制系统(ARFIS),通过水量平衡估算入渗参数,然后以尾水最小为目标调整灌水流量。他们随后又将该系统细化为智能子系统、水流传感器子系统、流量控制子系统、遥测子系统四个子系统,并对系统的成本进行了分析[198]。Clemmens 和 Keats[199]将贝叶斯统计方法应用于实时反馈灌溉控制系统,提高了估算入渗参数、糙率等自然因素的准确性,进而提高反馈控制灌溉系统的灌水质量。Khatri 和 Smith[200]开发了一种新的估算沟灌条件下土壤入渗性能的方法,并运用该方法根据灌水过程中所测数据实时估算土壤入渗性能,用 SIRMOD 模拟得到该入渗性能下最佳停水时机,他们还通过试验和模拟证明所提出的沟灌实时控制系统大大提高了灌水质量。Koech 等[201]开发了一个自动实时优化灌溉系统,其组件包括流量和推进时间传感器、土壤入渗性能估算程序和基于完全水动力学模型的灌水模拟程序,并通过棉花田沟灌试验证明该系统可以显著提高灌水效率、节省劳动力。

国内学者在实时调控地面灌溉方面也进行了卓有成效的研究。白美健等[202]以模拟田面水流推进时间与实测值误差不超过 10％为精度要求,分析了不同灌水条件下适宜的灌水信息采集范围,确定了实时反馈地面灌溉控制技术的适用条件:畦长大于 100 m,田面平整精度小于 3 cm 或者灌水单宽流量大于 $4.0 L \cdot s^{-1} \cdot m^{-1}$。吴彩丽等[7,203]建立畦灌实时反馈控制系统,该系统在灌水过程中通过田面水流水位监测装置获取水流推进时间和水深信息,实时估算入渗参数、模拟畦灌过程,并引入灌水深度控制目标,在一定程度上减少了模拟畦灌过程寻找最优停水时间的计算量,最终由灌水控制设备在相应时间关闭灌水闸阀。在北京、新疆、河北等地进行畦灌实时反馈控制系统的应用,结果表明采用该系统后,灌水质量得到显著提升。

目前针对实时调控灌溉已进行了一定的研究,并建立了多种实时调控灌溉系统。这些系统的实质都是在灌水过程中监测一段地表水流推进过程,估算此畦段的土壤入渗性能等自然因素,并将此畦段的自然因素当作整个畦田的自然因素而模拟灌溉过程,进而确定最佳的灌水流量或停水时机,主要区别在于计算土壤入渗性能以及模拟灌溉过程的方法。实时控制灌溉提高了灌溉性能,因为它能够估算当前灌水沟畦的自然因素,并相应地实时调整管理策略。然而,目前的实时控制灌溉还存在以下问题:(1)将一段畦田的自然因素当作整条畦田的自然因素,未考虑畦田内部自然因素空间变异性;(2)在灌水过程中要实时计算入渗参数、糙率等,并代入相关模型模拟灌水过程,这意味着需要在短时间内进行大量计算,而且编程复杂,对于常用的单片机来说要求极高,因此影响了实用性。

1.4　本书主要内容

针对灌水质量波动大、肥料沿畦长方向分布不均、田面水流运动调控手段匮乏等问题,本书采用田间试验、理论分析和数学模拟相结合的方法开展研究,分析了畦灌参数的变异性及对灌水质量的影响,探讨了土壤初始含水率沿程不均匀分布下灌水技术要素调控、基于溶质对流扩散动力特性的畦田灌水施肥技术要素设计、基于变流量与变坡的畦灌精准调控和自适应调控畦灌等精准调控技术方案,建立了一套适用于我国华北地区的畦灌精准调控体系,主要研究内容如下:

(1) 基于观测到的田间试验资料及调查得到的田间灌水技术试验和农民实际操作数据,采用传统统计方法和地统计学原理,研究入渗参数、糙率系数和田面微地形等自然要素的空间变异规律及灌水流量、沟畦规格和改水成数等技术要素的变异特征;利用地面灌溉数值模型,分别模拟各个灌溉参数的变异性对灌水质量的影响,并分析这种影响与其他灌水技术要素的关系,为畦灌的精准调控奠定基础。

(2) 针对降雨产流后畦田土壤初始含水率沿程不均匀分布的情况,本研究开展一维土柱入渗试验、二维土槽灌溉试验,进一步结合 WinSRFR 地面灌溉模拟模型,探讨初始含水率沿程不均匀对土壤入渗性能、畦灌田面水流运动和灌水质量的影响,确定初始含水率沿程不均匀下的灌水质量评价指标体系,进一步优化畦灌技术要素求解方法,为土壤初始含水率沿程不均匀条件下畦灌技术要素调控提供科学依据。

(3) 通过田间灌水施肥试验,揭示地表水流中尿素沿畦长方向的分布规律和氮素浓度随入渗时间的变化规律。根据氮素浓度随入渗时间的变化规律建立地表水流氮素浓度随入渗时间的变化模型,联合 Kostiakov 入渗模型构建地表水流中肥料随水入渗量估算模型。分别利用零惯量模型和对流-弥散模型来描述畦灌地表水流运动和溶质运动,构建畦灌地表水流溶质运动数值模型。基于尿素表施条件下畦灌水氮运动数值模拟理论,通过数值计算的方法选取不同灌水施肥技术要素最佳组合方案,为尿素表施条件下畦灌灌水施肥技术要素设计提供科学方案。

(4) 对比分析恒定流量灌水与变流量灌水的田间试验资料,揭示变流量灌水对田面水流运动和灌水质量的影响规律。基于非恒定渐变流方程和非恒定急变流方程,构建适用于变流量畦灌的数值模型,通过数值模拟的方法研究灌水过程中入畦流量和田面纵坡这两个要素对灌水质量的影响规律,设计变流量和变坡畦灌条件下的灌水技术要素组合方案,提出变化的入畦单宽流量或田面纵坡的灌水方式,得出变流量和变坡畦灌条件下的最优灌水技术要素组合,为进一步提高灌水质量提供了新的途径。

(5)通过对不同畦田自然因素变差情景进行数值模拟,得到了各情景下的推进时间偏差与相对应的最优流量调节增量,据此制定了基于经验公式的流量调控策略,以推进时间为观测变量、单宽流量为控制变量、流量调控公式为调控核心,构建了针对自然要素偏差的畦灌自适应调控模型,对该模型进行了自然要素、灌水流量、畦田规格等因素的敏感性分析,并通过大田实验对灌水质量进行验证,自适应调控畦灌增强了灌水质量对自然要素、灌水流量及畦田规格等因素变异性的抗干扰能力,将畦灌灌水质量提高到了新的水平。

第 2 章

畦灌参数变异性及其对灌水质量的影响规律

畦灌过程中水流沿田面运动和水分下渗同时发生,因此完整的畦灌过程应包括田面水流运动过程和水分入渗过程。对于田面水流运动模拟国内外已经做了大量研究,主要包括水量平衡模型、完全水动力学模型、零惯量模型和运动波模型,其中完全水动力学模型具有坚实理论基础,模拟精度最高。土壤水分入渗模型主要有 Kostiakov 模型、Green-Ampt 模型、Philip 入渗模型等,其中 Kostiakov 模型因其求解简便、精度较高而运用最为广泛。综合田面水流运动模型和土壤水分入渗模型建立起的地面灌溉水流运动模型可以完整地反映出灌水过程中的水分运动,可为地面灌溉系统设计与评价提供有效的工具和手段。

　　畦灌系统的影响因素主要是指灌溉过程中影响灌水质量的技术参数与变量,包括入畦单宽流量、畦田规格、改水成数(或灌水时间)、入渗参数、糙率和畦面纵坡等。糙率、入渗参数、田间微地形等自然要素受田间耕作、土壤非均质分布形状、农田土地平整等影响,这些因素往往显示出较强的空间变异性。畦田规格、灌水流量、改水成数等技术要素虽然是可控因素,但在实际田间操作过程中受机械、灌水设备、人为因素等影响,往往使得实际发生值与设计值之间存在一定差别,即存在一定的变异特性。各因素变异势必影响灌溉过程中田面水流的推进与消退过程,导致很多情况下灌水质量与设计值存在较大差异从而降低灌水质量。所以在制定灌水技术方案前,应明确畦灌参数的取值及其变异规律。

2.1　入渗参数与田面糙率的反演方法

2.1.1　入渗参数

　　入渗参数的确定方法主要有 2 种,野外试验直接测定法和灌溉试验估算法。野外试验直接测定法主要采用双环入渗仪及一些入渗计等,这种方法耗时、繁杂,而且静态的水分入渗状况不能很好地模拟田面水流运动状况下的土壤入渗过程。灌溉试验估算法主要是利用田间灌水资料进行参数估算,所得到的参数计算结果代表的是某 1 条畦田或 2 条畦田入渗能力的平均值,不能充分反映整个田面入渗能力的差异性。入渗灌溉试验布置如图 2.1 所示。

采用水流推进消退资料和灌水前后的土壤含水率分布资料来估算畦田各段的入渗参数,计算结果能真实地反映田面水流运动对入渗的影响,解决了入渗参数空间变异性分析需要大量数据样本的难题,同时丰富了入渗参数的估算方法。

入渗参数的估算方法表述如下。

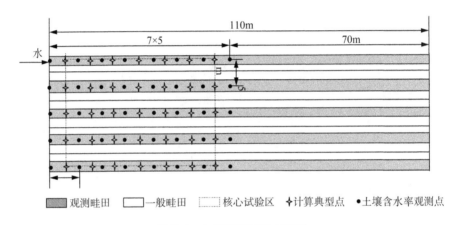

图 2.1　入渗灌溉试验布置图

在畦灌过程中,田间某控制点入渗的水量 V_i 等于灌后短时期内储存于该处土壤计划湿润层内的水量 V_c,即

$$V_i = V_c \tag{2.1}$$

采用 Kostiakov 入渗模型来描述土壤入渗过程,则控制点处入渗的水量可表示为

$$V_i = k(t_r - t_a)^\alpha \tag{2.2}$$

式中:V_i 为控制点入渗水深,m;k 为入渗系数,m·min$^{-\alpha}$;α 为入渗指数,无量纲;t_r 为该点处的消退时间,s;t_a 为水流前锋推进至该点的时间,s。

采用取土烘干法测定土壤含水率,则储存于该控制点土壤计划湿润层内的水量可表示为

$$V_c = \int_0^D [\theta(z,t) - \theta(z,0)] dz \tag{2.3}$$

式中:$\theta(z,t)$ 为灌水后的含水率分布;$\theta(z,0)$ 为灌水前的含水率分布;D 为土层厚度,m。

对田间任意 2 个观测点,联立式(2.1)、式(2.2)、式(2.3),分别建立方程得

$$
\begin{aligned}
k(t_{r1} - t_{a1})^\alpha &= \int_0^D [\theta_1(z,t) - \theta_1(z,0)] dz \\
k(t_{r2} - t_{a2})^\alpha &= \int_0^D [\theta_2(z,t) - \theta_2(z,0)] dz
\end{aligned}
\tag{2.4}
$$

式中:2 个观测点的推进时间(t_{a1},t_{a2})、消退时间(t_{r1},t_{r2})及灌水前后的含水率($\theta_1(z,0)$,$\theta_2(z,0)$;$\theta_1(z,t)$,$\theta_2(z,t)$)均为已知量。

经过推导,入渗参数 α、k 计算公式如下:

$$\alpha = \frac{\ln\left\{\int_0^D [\theta_1(z,t) - \theta_1(z,0)] dz \Big/ \int_0^D [\theta_2(z,t) - \theta_2(z,0)] dz\right\}}{\ln[(t_{r1} - t_{a1})/(t_{r2} - t_{a2})]} \tag{2.5}$$

$$k = \frac{\int_0^D [\theta_1(z,t) - \theta_1(z,0)] dz}{(t_{r1} - t_{a1})^\alpha} \tag{2.6}$$

为了检验入渗参数的估算结果,根据各条畦田的入渗参数,结合畦灌过程中的技术要素,利用地面灌溉模型 WinSRFR 模拟各条畦田的田面水流运动情况。WinSRFR 模型需要输入的参数有各条畦田的平均入渗参数,畦灌过程中的主要技术要素,包括入畦流量、畦田规格、畦田纵坡、改水成数及田面糙率等。模拟的田面水流推进消退过程见图 2.2。

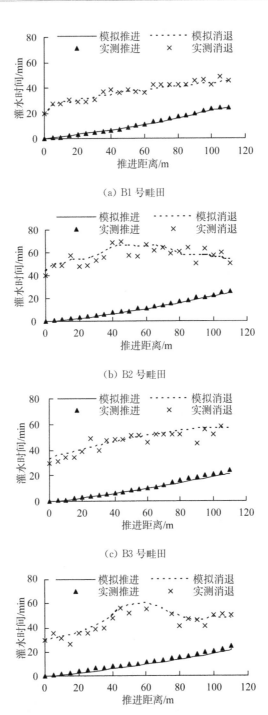

（a）B1 号畦田

（b）B2 号畦田

（c）B3 号畦田

（d）B4 号畦田

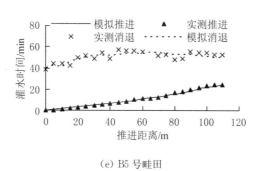

（e）B5 号畦田

图 2.2　实测和模拟的田面水流运动过程

由图 2.2 可知,采用式(2.5)和式(2.6)估算的入渗参数,在利用零惯量模型模拟各畦田田面水流运动过程时,模拟的水流推进消退过程与实测值吻合较好,相关系数均大于临界相关系数,表明采用式(2.5)和式(2.6)估算的入渗参数是有效的。

2.1.2　田面糙率

田面糙率是影响地面灌溉水流运动的重要因素,是地面灌溉方案设计与评价的基础参数之一。田面糙率是对田面水流运动阻力大小的综合反映。在畦灌系统中,影响地面灌溉田面水流运动的阻力主要有 2 个:一是田面凹凸不平引起的阻力;另一个是田间作物及杂草等对水流的阻力。因此,灌溉水流田面糙率的大小取决于田面的平整程度及作物疏密和长势情况。

地面灌溉糙率的确定一般采用模型反求试算的方法。在其他参数确定的情况下,依据田间水流推进过程资料,通过调整糙率 n 值,使模拟的水流推进和消退过程与实测过程达到最佳匹配,其目标函数是:

$$\text{Min } SSD_{adv} = \sum_{i=1}^{N} (t_{adv.o} - t_{adv.s})^2 \tag{2.7}$$

$$\text{Min } SSD_{rec} = \sum_{i=1}^{N} (t_{rec.o} - t_{rec.s})^2 \tag{2.8}$$

式中:$t_{adv.o}$ 和 $t_{adv.s}$ 分别为水流推进时间的观测值和模拟值,min;$t_{rec.o}$ 和 $t_{rec.s}$ 分别为水流消退时间的观测值和模拟值,min;N 为田块内观测点的数量。

另外,还有较为简单的计算公式,但精度不高。该公式通过测定入畦单宽流量、畦首水深、田面坡度等数据,借用曼宁公式来计算糙率。

$$n = q_0^{-1} h_0^{\frac{5}{3}} z^{\frac{1}{2}} \tag{2.9}$$

式中:q_0 为入畦单宽流量,$L \cdot m^{-1} \cdot s^{-1}$;$h_0$ 为畦首水深,m;z 为畦田纵坡。

将田间观测到的入畦单宽流量、畦首水深、田面纵坡等资料,采用式(2.9)计算各畦田的平均糙率。目前,随着水位传感器的广泛应用及其精度的提高,畦田地表水深的观测变得更加精确与方便,并在土壤特性参数的估算中获得了应用。在试验过程中,将奥得赛电容式水位传感器(Odyssey™4.5,精度 0.1 mm,量程 0.5 m)安装在畦首,可以精确记录灌水过程中控制点的水位。

2.2 自然要素的变异性及其对灌水质量的影响

2.2.1 入渗参数

2.2.1.1 入渗参数的空间变异规律

利用观测到的畦田水流推进消退数据,计算各控制点入渗时间,并结合灌后测定的土壤含水率,按照式(2.5)和式(2.6)估算了 5 条灌水畦田的入渗参数。沿畦长方向上任意 2 个相邻控制点可以计算出一组入渗参数,反映控制点间土壤入渗性能,每条试验畦田得到 7 组入渗参数。各条畦田入渗参数的计算结果见表 2.1。

表 2.1　各畦田入渗参数计算结果

畦田编号	入渗参数	沿畦田不同长度段的入渗参数							均值
		0~5 m	5~10 m	10~15 m	15~20 m	20~25 m	25~30 m	30~35 m	
B1	α	0.765	0.763	0.510	0.713	0.745	0.611	0.693	0.686
	k	0.005 1	0.006 1	0.008 4	0.005 4	0.006 1	0.006 7	0.005 6	0.006 2

续表

畦田编号	入渗参数	沿畦田不同长度段的入渗参数							均值
		0~5 m	5~10 m	10~15 m	15~20 m	20~25 m	25~30 m	30~35 m	
B2	α	0.573	0.716	0.642	0.761	0.668	0.624	0.760	0.678
	k	0.008 1	0.005 8	0.006 8	0.005 4	0.006 4	0.007 1	0.005 2	0.006 4
B3	α	0.617	0.810	0.490	0.947	0.558	0.708	0.600	0.676
	k	0.006 3	0.007 6	0.008 1	0.003 9	0.007 4	0.005 3	0.006 8	0.006 5
B4	α	0.652	0.716	0.577	0.599	0.866	0.448	0.752	0.659
	k	0.006 3	0.005 6	0.007 6	0.007 1	0.004 3	0.011 0	0.005 0	0.006 7
B5	α	0.802	0.882	0.589	0.591	0.687	0.619	0.572	0.677
	k	0.009 6	0.004 2	0.006 7	0.006 6	0.005 5	0.006 6	0.007 0	0.006 6

注：α 为入渗指数，无量纲；k 为入渗系数，$\mathrm{m \cdot min^{-\alpha}}$.

从表 2.1 可以看出，各畦田的入渗系数和入渗指数有一定的差异，相比畦田 B1、B2、B3 和 B5，畦田 B4 的入渗指数较小（为 0.659），入渗系数 k 较大（为 0.006 7 $\mathrm{m \cdot min^{-\alpha}}$），说明畦田 B1、B2、B3 和 B5 的入渗性能相近，畦田 B4 的入渗性能稍大。

对 35 组入渗参数进行经典统计学分析，其最大值、最小值、均值、中值、标准差 σ、变异系数 C_v 等特征值见表 2.2。

表 2.2　入渗参数的统计特征值

入渗参数	最大值 Max.	最小值 Min.	均值	中值	标准差 σ	变异系数 C_v	分布类型
α	0.947	0.448	0.675	0.668	0.113	0.167	正态
k	0.011 0	0.003 9	0.006 5	0.006 4	0.001 4	0.212	正态

注：α 为入渗指数，无量纲；k 为入渗系数，$\mathrm{m \cdot min^{-\alpha}}$.

由表 2.2 可知，α 值变化范围为 0.448～0.947，k 值的变化范围为

0.003 9~0.011 0 m·min^{-a},其标准差分别是 0.113 和 0.001 4 m·min^{-a},k 值的波动幅度比 a 值大;a 和 k 的均值均接近于中值,表明数据整体上分布比较均匀,未受到特异值影响;变异系数 C_v 反映了随机变量的离散程度,$C_v \leqslant$ 0.01 为弱变异性,$0.01 < C_v \leqslant 1$ 为中等变异性,$C_v > 1$ 为强变异性。a 和 k 的变异系数分别为 0.167 和 0.212,均属于中等强度变异。应用 Kolmogorov-Smirnov 方法进行正态检验表明,样点数据均满足正态分布,可以进行地统计学分析。

由 2 个控制点计算得到的入渗参数反映的是两点之间畦田上的平均入渗性能。为了进行地统计学的分析,选取两控制点距离的中心作为计算的典型点,构建 5 m×5 m 的计算网格。采用加权多项式回归法拟合球状模型,半方差函数拟合结果见表 2.3。

表 2.3 入渗参数的半方差函数拟合结果

入渗参数	模型类型	块金值 C_0	基台值 $C+C_0$	基底效应 $C_0/(C_0+C)$	变程 a/m
a	球状模型	8.216×10^{-3}	1.239×10^{-2}	0.663	10.02
k	球状模型	7.154×10^{-3}	1.322×10^{-2}	0.541	10.20

基台值 $C+C_0$ 通常表示系统内总变异,基底效应 $C_0/(C_0+C)$ 表示随机部分引起的空间异质性占系统总变异的比例,基底效应 $C_0/(C_0+C)$ 小于 0.25,表明由空间自相关部分引起的空间异质性程度较高,意味着较强的空间相关性;基底效应 $C_0/(C_0+C)$ 在 0.25~0.75 之间,则呈中等空间相关性;基底效应 $C_0/(C_0+C)$ 大于 0.75,表明由随机性因素引起的空间异质性程度较高,表示较弱的空间相关性。从表 2.3 中可以看出,a 和 k 值的基底效应分别为 0.663 和 0.541,均处于 0.25~0.75 之间,说明两个参数呈现中等空间相关,与经典统计学分析结果一致。入渗指数 a 和入渗系数 k 的空间分布自相关距离均大于 10 m,略大于白美健等人提出的入渗参数自相关距离(8 m 左右)。

　　根据所得到的变差函数模型,采用 Kriging 最优内插法对试验区内 (20 m×30 m)的入渗参数进行了空间插值,见图 2.3。

　　从图 2.3 可以更直观地看出入渗参数的空间分布状况。入渗指数 α 大多处在 0.6~0.8 之间(面积占整个区域的 74.29%),分布较为均匀,只有中部一带 α 值偏小;土壤入渗系数 k 值则大多处在 0.005~0.009 m·min$^{-\alpha}$ 之间(面积占整个区域的 85.71%),分布相对较为均匀,只有个别点偏离较多。

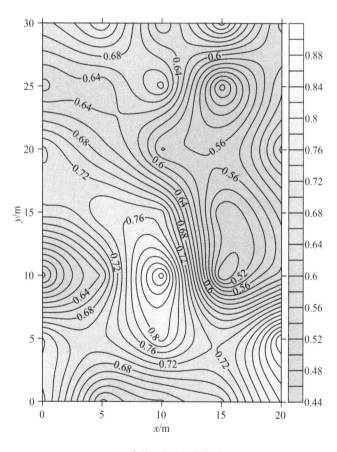

(a) 参数 α 的空间分布图

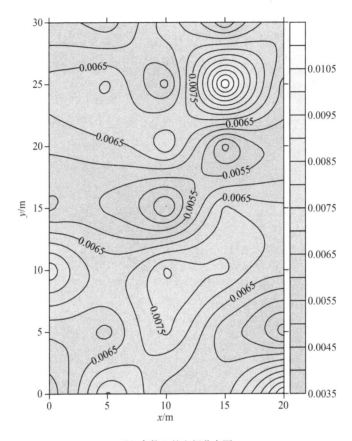

(b) 参数 k 的空间分布图

图 2.3　入渗参数的空间分布图

2.2.1.2　入渗参数变异性对灌水质量的影响

（1）入渗参数对灌水质量的影响

根据畦灌各影响因素变异性分析结果，以各技术要素的均值作为地面灌溉数值模型的输入参数（见表 2.4），设置不同的单宽流量，在保持其他影响因素不变的情况下，分别调整入渗系数和入渗指数值，以考察它们对灌水质量的影响。同时分析不同单宽流量下，灌水质量随入渗参数的变化规律。灌水质量随入渗参数变化的波动规律分别见图 2.4 和图 2.5。

模型输入的灌水定额均为 60 mm(折合 40 m³/亩①),以下同。

表 2.4　灌水技术要素值

畦长/m	改水成数	糙率	田面纵坡
110	0.85	0.038	0.001 3

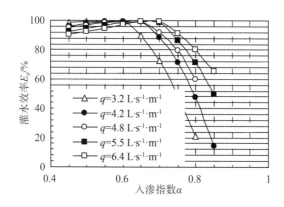

(a) 入渗指数对灌水效率的影响

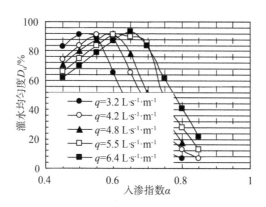

(b) 入渗指数对灌水均匀度的影响

图 2.4　入渗指数对灌水质量的影响规律

---

① 1 亩≈666.67 平方米。

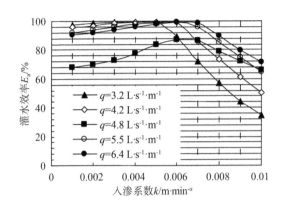

（a）入渗系数对灌水效率的影响

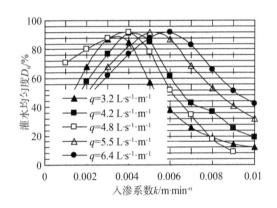

（b）入渗系数对灌水均匀度的影响

图 2.5 入渗系数对灌水质量的影响规律

从图 2.4 和图 2.5 中可以看出，在不同的单宽流量下，保持其他因素不变，随着入渗参数的逐渐增加，灌水均匀度和灌水效率均呈现先增加后减小的单峰型变化趋势，而且灌水效率普遍大于灌水均匀度，灌水均匀度对入渗参数的敏感程度要大于灌水效率（曲线斜率较大）。从图中还可以看出，灌水质量随着入渗指数的增加而变化的幅度要大于入渗系数，也即灌水质量对入渗指数的敏感性大于入渗系数。

在不同的流量下，入渗参数对灌水质量的影响程度不同。就入渗指数对灌水效率评价指标的影响而言，在单宽流量分别为 $3.2\ \mathrm{L \cdot s^{-1} \cdot m^{-1}}$、$4.8\ \mathrm{L \cdot}$

$s^{-1} \cdot m^{-1}$ 和 $6.4 L \cdot s^{-1} \cdot m^{-1}$ 时,灌水效率和灌水均匀度的最大变幅分别为 78.0% 和 84.0%、39.4% 和 81.0%、31.0% 和 74.0%。结果表明,灌水流量越小,灌水质量受入渗参数的变异性影响越大,随着单宽流量的增加,这种影响程度逐渐减小。这主要是因为,在流量较小时,水流推进的速度较慢,入渗历时较长,进入到计划湿润层的水量受入渗参数大小的影响程度较大,因此,灌水效率和灌水均匀度受入渗参数变化的影响就较大,反之亦然。灌水均匀度对入渗参数的敏感性大于灌水效率,随着单宽流量的增加,这种敏感程度逐渐降低。

综合以上分析,随着单宽流量的增加,入渗参数对灌水质量的影响逐渐降低,灌水质量对入渗指数的敏感性大于入渗系数。灌水均匀度受入渗参数的影响程度大于灌水效率,随着单宽流量的增加,这种敏感程度逐渐降低。研究结果可以为试验区粉质砂壤土条件下如何减小入渗参数的变异对灌水质量的影响提供依据。

(2)入渗参数变异性对灌水质量的影响

在实际的灌水质量评价中,入渗参数常采用两点法或其他改进算法来估算,这些计算结果多为某 1 条或 2 条畦田的平均入渗参数,不能反映整个畦田上入渗能力的差异性。本书根据观测到的水流推进消退和含水率资料,分别计算畦田各个控制点处的入渗参数,在计算结果中选择变异系数有明显差别的 5 条畦田,见表 2.5,考察不同变异系数下的灌水质量变化情况。

由于入渗系数和入渗指数存在一定的相关性,变异存在一致性,因此,在这里采用入渗指数的变异性来代表入渗参数整体的变异性。研究入渗参数的变异性对灌水质量的影响,不仅要分析不同入渗参数变异系数下灌水质量的波动规律,还要分析不同灌水技术要素对这种波动的影响,以便为如何减小这种波动提供依据。其中,单宽流量是一个十分重要的灌水技术要素,依次选取 $2.0 L \cdot s^{-1} \cdot m^{-1}$、$3.0 L \cdot s^{-1} \cdot m^{-1}$、$5.0 L \cdot s^{-1} \cdot m^{-1}$ 和 $7.0 L \cdot s^{-1} \cdot m^{-1}$ 共 4 个级别,分别研究了灌水质量在不同入渗参数变异系数下的波动规律。模型需要输入的参数均为试验区典型灌水参数,畦长为 110 m,改水成数为 0.9,糙率为 0.038,畦田纵坡为 0.001 3。输入不同变异系数下各测点的入渗参数值,分别模拟不同单宽流量下灌水质量随着入渗参数变异系数的波动规律,结果见图 2.6。

表 2.5　入渗参数及其统计特征

距离 /m	畦田 B1		畦田 B2		畦田 B3		畦田 B4		畦田 B5	
	$k/$ m·min$^{-\alpha}$	α	$k/$ m·min$^{-\alpha}$	α	$k/$ m·min$^{-\alpha}$	α	$k/$ m·min$^{-\alpha}$	α	$k/$ m·min$^{-\alpha}$	α
0	0.005 3	0.674	0.005 4	0.768	0.004 9	0.793	0.005 1	0.763	0.004 6	0.810
10	0.006 0	0.769	0.007 4	0.528	0.006 4	0.509	0.008 4	0.419	0.011 1	0.290
20	0.006 4	0.608	0.005 6	0.414	0.006 0	0.795	0.004 1	0.945	0.003 9	0.947
30	0.006 0	0.813	0.008 2	0.764	0.006 7	0.501	0.011 7	0.201	0.010 9	0.258
40	0.006 4	0.645	0.006 9	0.552	0.004 4	0.882	0.004 2	0.882	0.004 1	0.917
50	0.006 5	0.611	0.005 6	0.716	0.006 0	0.549	0.005 7	0.789	0.004 6	0.814
60	0.006 2	0.671	0.007 6	0.577	0.005 3	0.796	0.005 6	0.716	0.008 1	0.458
70	0.006 4	0.693	0.007 1	0.599	0.009 3	0.317	0.008 6	0.477	0.012 3	0.108
80	0.006 2	0.613	0.004 3	0.866	0.004 7	0.886	0.004 3	0.896	0.009 3	0.424
90	0.006 2	0.679	0.010 0	0.538	0.006 0	0.378	0.011 9	0.318	0.004 2	0.860
100	0.008 9	0.616	0.005 6	0.716	0.005 3	0.796	0.005 6	0.716	0.004 6	0.814
110	0.006 5	0.602	0.005 6	0.716	0.006 0	0.778	0.004 2	0.945	0.003 9	0.944
均值	0.006 4	0.666	0.006 6	0.646	0.005 9	0.665	0.006 6	0.672	0.006 8	0.637
C_{v}	0.101		0.202		0.302		0.398		0.497	

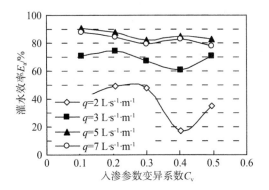

(a) 入渗参数变异对灌水效率的影响

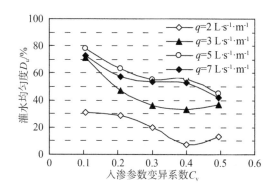

（b）入渗参数变异对灌水均匀度的影响

图 2.6　入渗参数的变异性对灌水质量的影响

从图 2.6 中可以看出,随着变异系数从 0.101 增加到 0.497,灌水效率和灌水均匀度均呈现逐渐降低的趋势,灌水均匀度的降低趋势更加明显。在单宽流量较小时,灌水质量随着入渗参数变异系数的增加变化的幅度较大,随着单宽流量的增加,这种变化幅度逐渐减小。在单宽流量为 $5.0\sim7.0$ L・s^{-1}・m^{-1} 时,不同入渗参数变异系数下的灌水效率和灌水均匀度差别不大,灌水效率在不同入渗参数变异系数下均获得较高值,而灌水均匀度在入渗参数变异系数大于 0.2 时便急剧下降。因此,考虑入渗参数变异的条件下,为获得较高的灌水均匀度值,入渗参数变异系数需要大于 0.2,而为获得较高的灌水效率,不仅要关注入渗参数变异系数的大小,更要关注单宽流量的变化,单宽流量大于 5.0 L・s^{-1}・m^{-1} 将会显著降低入渗参数变异性对灌水效率的影响。

综合以上分析可知,入渗性能的变异性降低了灌水质量,单宽流量增大,灌水质量对入渗参数的敏感性显著降低。

2.2.2　田面糙率

2.2.2.1　田面糙率的空间变异规律

田间试验于河北省吴桥县彭庄村棉花田进行,试验中需要观测田面水流推进消退过程和畦首水深变化过程。典型畦田的畦首水深变化过程见图 2.7。

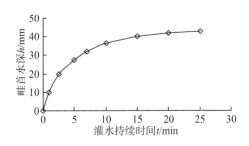

图 2.7　畦首水深变化过程

根据在河北吴桥彭庄村观测到的畦田灌水资料,计算了 26 条试验畦田的田面平均糙率,26 条畦田的编号分别为 B1、B2、B3…B26,糙率的计算结果见表 2.6。

表 2.6　糙率的估算结果

畦田编号	单宽流量 q_0 /m^2·s^{-1}	畦田纵坡 z	畦首平均水深 h_0/m	糙率 n
B1	0.003 4	0.001 7	0.035	0.046 0
B2	0.003 6	0.001 8	0.042	0.059 2
B3	0.002 5	0.001 8	0.033	0.056 8
B4	0.003 2	0.002 5	0.027	0.038 2
B5	0.002 7	0.001 2	0.036	0.050 4
B6	0.002 8	0.002 4	0.024	0.035 1
B7	0.005 0	0.001 6	0.035	0.030 1
B8	0.004 5	0.001 5	0.051	0.059 8
B9	0.005 8	0.001 5	0.053	0.049 9
B10	0.005 2	0.001 4	0.039	0.032 3
B11	0.006 4	0.001 3	0.054	0.043 5
B12	0.004 3	0.001 5	0.036	0.035 4
B13	0.005 5	0.001 6	0.060	0.067 4
B14	0.005 0	0.001 6	0.048	0.050 8
B15	0.004 1	0.001 7	0.025	0.021 4

畦田编号	单宽流量 q_0 /m² · s⁻¹	畦田纵坡 z	畦首平均水深 h_0/m	糙率 n
B16	0.004 1	0.000 1	0.035	0.010 2
B17	0.003 5	0.000 9	0.039	0.0186
B18	0.007 2	0.001 2	0.026	0.014 1
B19	0.005 6	0.000 1	0.040	0.007 2
B20	0.006 2	0.001 2	0.052	0.044 8
B21	0.005 6	0.000 8	0.037	0.017 9
B22	0.006 5	0.000 9	0.051	0.041 6
B23	0.005 1	0.000 8	0.024	0.065 6
B24	0.004 1	0.001 3	0.012	0.009 7
B25	0.002 9	0.001 7	0.033	0.046 0
B26	0.002 3	0.001 8	0.030	0.059 2

对糙率的计算结果采用经典统计学分析,其平均值、中值、最大值、最小值、标准差、变异系数、峰度系数和偏度系数等结果见表 2.7。

表 2.7　糙率的统计特征

最大值	最小值	均值	中值	标准差	变异系数	偏度	峰度	分布类型
0.067	0.007	0.038	0.040	0.018	0.487	−0.169	−1.072	正态($p=0.15$)

由表 2.7 可知,糙率 n 变化范围为 $0.007\sim0.067$,其标准差为 0.018;糙率的均值接近于中值,表明数据整体上分布比较均匀,未受到特异值影响;n 的变异系数为 0.487,属于中等强度变异。其偏度系数和峰度系数分别为 -0.169 和 -1.072,应用 Kolmogorov-Smirnov 方法进行正态检验表明,样点数据均满足正态分布($D=0.11,p=0.15$)。

对 26 条裸地畦田糙率的计算结果表明,试验区域内的畦田平均糙率在 0.038 左右,这与美国水土保持局提出的裸土糙率($n=0.04$)较为接近,也与 Harun 提出的平整后未种植作物土地糙率均值($n=0.033$)相吻合,说明计算的土壤糙率具有一定的精度。

2.2.2.2 糙率变异性对灌水质量的影响

在地面灌溉的评价和管理中,通常采用糙率的均值来进行灌水技术设计和灌水质量评价,这种方法忽略了各畦田间糙率的差异性及其对灌水质量的影响。为了分析田间糙率的差异性对灌水质量的影响,分别采用各条畦田的糙率及糙率均值(0.038),并根据表 2.6 和表 2.8 中各个畦田的流量、纵坡、停水时间及入渗参数利用数值模型进行模拟,结果见图 2.8。

表 2.8 数值模型输入的参数值

畦长 L /m	畦宽 B_w/m	α	$k/\text{m} \cdot \text{min}^{-\alpha}$
110	1.5	0.675	0.006 5

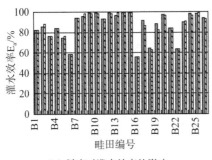
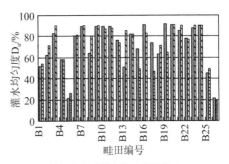

（a）糙率对灌水效率的影响　　　　（b）糙率对灌水均匀度的影响

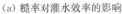

图　例
采用畦田实际糙率得到的灌水质量评价指标
采用畦田平均糙率得到的灌水质量评价指标

图 2.8 不同糙率下的畦田灌水质量

同样,将采用各畦田实际糙率模拟得到的灌水质量评价指标作为真值,不同糙率下的灌水质量评价指标的相对误差 RE 可表示为

$$RE_n(E_a) = \frac{|E_a(n) - E_a(\bar{n})|}{E_a(n)} \times 100\%$$

$$RE_n(D_u) = \frac{|D_u(n) - D_u(\bar{n})|}{D_u(n)} \times 100\% \tag{2.10}$$

式中：$RE_n(E_a)$ 和 $RE_n(D_u)$ 分别为灌水效率和灌水均匀度的相对误差；
$E_a(n)$ 和 $D_u(n)$ 为采用实际糙率模拟的灌水质量评价指标；$E_a(\bar{n})$ 和 $D_u(\bar{n})$ 为
采用平均糙率模拟的灌水质量评价指标，其计算结果见表 2.9。

表 2.9　不同糙率下的灌水质量的相对误差

畦田编号	与平均糙率的差值 $(n-\bar{n})$	$RE_n(E_a)/\%$	$RE_n(D_u)/\%$
B1	0.008	0.00	3.85
B2	0.021	2.93	14.52
B3	0.019	1.30	4.82
B4	0.000	0.00	0.00
B5	0.012	2.00	23.81
B6	−0.003	0.86	1.25
B7	−0.008	1.06	1.12
B8	0.022	3.03	25.00
B9	0.012	1.01	1.12
B10	−0.006	2.06	2.25
B11	0.005	1.08	1.12
B12	−0.003	0.71	2.63
B13	0.029	3.43	66.67
B14	0.013	2.02	0.00
B15	−0.017	0.20	27.94
B16	−0.028	3.56	12.69
B17	−0.019	5.77	36.49
B18	−0.024	1.71	12.70
B19	−0.031	6.48	29.35
B20	0.007	0.82	0.00
B21	−0.020	0.95	11.41

畦田编号	与平均糙率的差值 $(n-\bar{n})$	$RE_n(E_a)/\%$	$RE_n(D_u)/\%$
B22	0.004	1.11	1.28
B23	0.028	0.89	10.68
B24	−0.028	1.63	15.56
B25	0.008	2.06	8.89
B26	0.004	1.08	4.76
均值	0.008	1.84	12.30

从图 2.8 可以看出,各畦田的灌水效率和灌水均匀度指标在实际糙率和平均糙率下表现出一定的差异性。从表 2.9 可以看出,当采用平均糙率来模拟田间灌水质量时,与采用实际糙率相比,灌水效率平均相对误差达到 1.84%,最大相对误差达 6.48%;灌水均匀度平均相对误差为 12.30%,最大相对误差达 66.67%;相比较而言,灌水均匀度受糙率的影响较大。而且当与平均田面糙率相差大于 0.02 时,灌水均匀度的相对误差均值在 10% 以上,而灌水效率的相对误差区别不大。综合以上分析表明,糙率的变异性降低了灌水质量。

2.2.3 坡度与微地形

2.2.3.1 微地形的空间变异规律

（1）田面平整精度指标的统计规律

沿着畦田长度方向间隔 5 m 测量了畦底的相对高程,田面高程实际值与期望值的偏差采用平整精度指标 S_d 值予以定量描述。采用 S3 型水准仪（1 000 m 往返测量高差精度差为 ±3 mm）测量了试验区内 26 条畦田的相对高程,沿水流推进的方向来考察微地形的变异情况,计算了畦底高程标准偏差 S_d,并统计了沿畦长方向上各测点畦底高程与期望高程绝对偏差的变异系数 C_v,典型田块（B1）的畦底相对高程与纵坡见图 2.9,标准偏差及变异系数的计算结果见表 2.10。

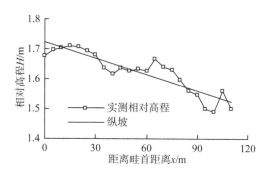

图 2.9　B1 号畦田的实测高程与纵坡

表 2.10　畦面相对高程统计特征值

畦田编号	平整精度指标 S_d/m	变异系数 C_v
B1	0.026	0.773
B2	0.026	0.884
B3	0.028	0.729
B4	0.030	0.598
B5	0.042	0.836
B6	0.059	0.927
B7	0.061	0.908
B8	0.021	0.602
B9	0.024	0.598
B10	0.031	0.664
B11	0.020	0.718
B12	0.021	0.889
B13	0.027	0.494
B14	0.032	0.516
B15	0.043	0.621
B16	0.030	0.455
B17	0.064	0.216
B18	0.124	0.461
B19	0.143	0.223

畦田编号	平整精度指标 S_d/m	变异系数 C_v
B20	0.096	0.139
B21	0.104	0.156
B22	0.089	0.138
B23	0.072	0.218
B24	0.083	0.627
B25	0.127	0.223
B26	0.142	0.285
均值	0.060	0.535

从表 2.10 中可以看出,反映田面相对高程空间变异程度的 C_v 值在 0.138~0.927 范围内变化,其均值为 0.535 小于 1,属于中等强度变异;反映田面微地形平整状况的 S_d 值在 0.020~0.143 m 范围间变化,其均值为 0.06 m。结果表明,田面微地形平整状况稍差,S_d 值略大于常规机械平地最佳效果值 (S_d = 0.05 m)。

(2) 纵坡的统计特征

测量了 30 条畦田的纵坡,见表 2.11,其统计特征见表 2.12。

表 2.11 畦田纵坡实测值

畦田编号	B1	B2	B3	B4	B5	B6	B7	B8	B9	B10
纵坡	0.001 7	0.001 8	0.001 8	0.002 5	0.001 2	0.002 4	0.001 6	0.001 5	0.001 5	0.001 4

畦田编号	B11	B12	B13	B14	B15	B16	B17	B18	B19	B20
纵坡	0.001 3	0.001 5	0.001 6	0.001 6	0.001 7	0.000 1	0.000 9	0.001 2	0.000 1	0.001 2

畦田编号	B21	B22	B23	B24	B25	B26	B27	B28	B29	B30
纵坡	0.000 8	0.000 9	0.000 8	0.001 3	0.001 7	0.001 8	0.001 2	0.000 7	0.001 1	0.000 9

表 2.12　畦田纵坡统计特征

最大值	最小值	均值	中值	标准差	变异系数	偏度	峰度	分布类型
0.002 5	0.000 1	0.001 3	0.001 5	0.000 6	0.426	−0.376	0.916	正态 ($p=0.15$)

　　畦田灌水时需要有一定的纵坡,纵坡较大,容易引起水土流失;纵坡太小,会影响水流的推进过程,适宜的畦田纵坡应根据田间土壤质地来确定,通常在 0.001~0.003 之间选择。从上表中可以看出,试验区域畦田纵坡大多处在 0.001~0.002 之间,比较适合畦田灌水。纵坡的变异系数为 0.426,属于中等强度变异。

2.2.3.2　田面微地形变异性对灌水质量的影响

　　(1)田面平整精度对灌水质量的影响

　　微地形一般以田面平整精度来表达。选取 8 条田面平整精度指标 S_d 值有明显差异的畦田,各畦田的平整精度指标和纵坡见表 2.13,各畦田的田面相对高程见图 2.10。

表 2.13　畦田平整精度指标和纵坡

畦田编号	B1	B2	B3	B4	B5	B6	B7	B8
平整精度指标 S_d/m	0.020	0.030	0.042	0.060	0.083	0.090	0.105	0.124
畦田纵坡	0.007 5	0.009 1	0.012 4	0.012 4	0.000 2	0.000 5	0.000 3	0.002 4

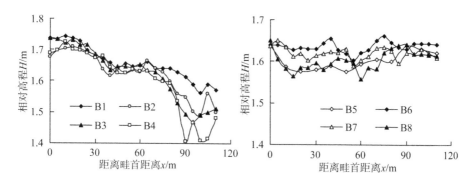

图 2.10　各畦田相对高程测量结果

对选取的 8 条畦田,分别选取它们的畦田实测相对高程数据与平均纵坡,采用地面灌溉数值模拟模型进行模拟。灌溉模拟选取的畦长为 110 m,入渗参数 k 和 α 分别为 0.006 5 m·min$^{-\alpha}$ 和 0.68,糙率选取 0.04,对应不同平整精度及不同平均纵坡下的灌水质量评价指标见表 2.14。

将考虑微地形变异性的灌水质量评价指标作为真值,则考虑微地形与不考虑微地形情况下灌水质量评价指标的相对误差 RE 可表示为

$$RE_m(E_a) = \frac{|E_a(S_d) - E_a(z)|}{E_a(S_d)} \times 100\%$$

$$RE_m(D_u) = \frac{|D_u(S_d) - D_u(z)|}{D_u(S_d)} \times 100\% \tag{2.11}$$

式中:$RE_m(E_a)$ 和 $RE_m(D_u)$ 分别为灌水效率和灌水均匀度的相对误差;$E_a(S_d)$ 和 $D_u(S_d)$ 为采用实测田面相对高程模拟的灌水质量评价指标;$E_a(z)$ 和 $D_u(z)$ 为采用平均纵坡模拟的灌水质量评价指标,其计算结果见表 2.14。

表 2.14　微地形对灌水质量影响的模拟结果

畦田编号	流量 /L·s^{-1}	畦宽 /m	灌水效率/%		$RE_m(E_a)$ /%	灌水均匀度/%		$RE_m(D_u)$ /%
			$E_a(S_d)$	$E_a(z)$		$D_u(S_d)$	$D_u(z)$	
B1	8.2	1.4	57	76	25.00	44	54	18.52
B2	7.5	1.5	57	74	22.97	42	51	17.65
B3	7.8	1.5	54	67	19.40	37	51	27.45
B4	7.1	1.6	54	66	18.18	37	49	24.49
B5	6.8	1.8	87	78	11.54	94	52	80.77
B6	7.3	1.6	84	83	1.20	76	73	4.11
B7	6.8	1.6	87	84	3.57	87	77	12.99
B8	6.8	1.8	67	69	2.90	48	26	84.62

从表 2.14 中可以看出,在不考虑畦田的平整状况与考虑田面平整状况时

的灌水效率存在显著差异(两样本配对符号检验 $p < 0.05$),见图 2.11,灌水效率相对误差最大达 25%,灌水均匀度差异性不显著(两样本配对符号检验 $p > 0.05$),但最大相对误差能达到 84%。以上结果表明,灌水效率对田面平整状况的敏感程度要大于灌水均匀度。从畦田 B1 到 B8,田面平整精度指标逐渐增大,灌水效率和灌水均匀度有逐渐减小的趋势,但在畦田 B5、B6、B7 和 B8 中,不考虑田面平整精度时的灌水效率和灌水均匀度反而较高,究其原因,可能主要是因为畦田 B5~B8 田面纵坡存在反坡,且纵坡较为平缓,虽然田面平整精度更差了,但是由于反坡的存在,导致了水流在田面的分布更加均匀。因此在畦面存在反坡时,灌水质量对田面纵坡更加敏感。综合以上分析表明,田面平整精度指标的增加降低了灌水质量。

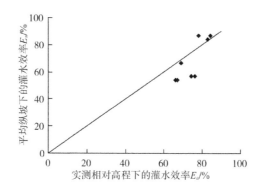

(a) 灌水效率对比

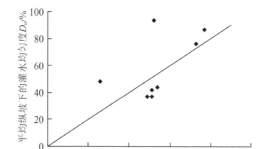

(b) 灌水均匀度对比

图 2.11　采用实测高程和平均纵坡的灌水质量对比

（2）纵坡变异性对灌水质量的影响

田面纵坡影响水流的推进速度，较大的纵坡能使田面水流快速推进到畦田尾部，有助于提高灌水效率，但纵坡较大又会导致畦田尾部积水，降低灌水效率和灌水均匀度，分析畦田纵坡的变异性对灌水质量的影响是确定合理灌水技术方案的基础和基本依据。按照适宜的畦田纵坡在 1‰～3‰ 之间的原则，将畦田纵坡分为 0.001 0、0.001 5、0.002 0、0.002 5 及 0.003 0 共 5 个等级，并设置不同的单宽流量，采用地面灌溉数值模型进行模拟，灌溉模拟选取的畦长为 110 m，入渗参数 k 和 α 分别为 0.006 5 m·min$^{-\alpha}$ 和 0.68，糙率选取 0.04。

为了分析灌水效率评价指标在纵坡变化时的波动情况，采用最大相对误差 RE 来描述畦田纵坡变化带来的灌水质量波动大小，计算公式为

$$RE_z(E_a) = \frac{|E_{a.max} - E_{a.min}|}{E_{a.avg}} \times 100\%$$

$$RE_z(D_u) = \frac{|D_{u.max} - D_{u.min}|}{D_{u.avg}} \times 100\% \qquad (2.12)$$

式中：$RE_z(E_a)$、$RE_z(D_u)$ 分别为灌水效率和灌水均匀度的最大相对误差；$E_{a.max}$、$E_{a.min}$ 和 $E_{a.avg}$ 分别为灌水效率的最大值、最小值和均值，$D_{u.max}$、$D_{u.min}$ 及 $D_{u.avg}$ 分别为灌水均匀度的最大值、最小值和均值，灌水质量评价指标的模拟结果见表 2.15。

表 2.15　纵坡的变异性对灌水质量影响的模拟结果

单宽流量/ L·s^{-1}·m^{-1}	纵坡	灌水效率 E_a/%	灌水均匀度 D_u/%	灌水质量最大相对误差	
				$RE_z(E_a)$	$RE_z(D_u)$
	0.001 0	40	37		
	0.001 5	41	36		
2.0	0.002 0	41	36	4.9	2.8
	0.002 5	42	36		
	0.003 0	42	36		

续表

单宽流量/ $L \cdot s^{-1} \cdot m^{-1}$	纵坡	灌水效率 $E_a / \%$	灌水均匀度 $D_u / \%$	灌水质量最大相对误差	
				$RE_z(E_a)$	$RE_z(D_u)$
	0.001 0	67	50		
	0.001 5	70	51		
3.0	0.002 0	72	53	9.8	3.9
	0.002 5	73	51		
	0.003 0	74	50		
	0.001 0	84	73		
	0.001 5	89	74		
4.0	0.002 0	91	73	12.1	1.4
	0.002 5	94	74		
	0.003 0	95	73		
	0.001 0	92	89		
	0.001 5	97	88		
5.0	0.002 0	99	87	7.2	11.7
	0.002 5	98	83		
	0.003 0	98	79		
	0.001 0	94	93		
	0.001 5	96	90		
6.0	0.002 0	96	88	2.1	9.0
	0.002 5	96	87		
	0.003 0	95	85		
	0.001 0	92	90		
	0.001 5	92	87		
7.0	0.002 0	92	85	0.0	10.5
	0.002 5	92	84		
	0.003 0	92	81		

从表 2.15 中可以看出,在相同的单宽流量下,灌水质量评价指标在不同的田面纵坡下表现出一定的差异性。在单宽流量为 $2 \sim 4$ $L \cdot s^{-1} \cdot m^{-1}$ 时,灌水效率比灌水均匀度对畦田纵坡更为敏感,灌水效率的最大相对误差均大于灌水均匀度;而在单宽流量为 $5 \sim 7$ $L \cdot s^{-1} \cdot m^{-1}$ 时,灌水均匀度比灌水效率对畦

田纵坡更加敏感,灌水均匀度的最大相对误差均大于灌水效率。究其原因,主要是由于在入畦单宽流量较小时,较大的纵坡有助于使得水流快速推进到畦田尾部,畦首的深层渗漏量较少,灌水效率随着纵坡的增加呈现逐渐增加的趋势,但灌水均匀度由于畦田尾部积水较少并未改变多少,因此,灌水效率对纵坡较为敏感。但当单宽流量加大时,随着田面纵坡的增加,畦田首端深层渗漏减小的趋势并不明显,而畦田尾部积水变化较大,灌水均匀度对纵坡较为敏感,而纵坡的变异对灌水效率的影响程度不大。因此,在单宽流量较小时,灌水效率对畦田纵坡敏感性比灌水均匀度大;而在单宽流量较大时,灌水均匀度对畦田纵坡的敏感性比灌水效率大。综上所述,改变单宽流量不能降低田面纵坡对灌水质量的影响。

2.3 技术要素的变异性及其对灌水质量的影响

2.3.1 畦宽误差

畦宽误差是指沿着畦田长方向上各断面畦宽与设计值之差。在灌水技术设计时,常假定畦宽恒定、田面纵坡平坦均一,并以此来确定入畦流量及设计灌水时间。但由于受农田土地平整、田间耕作、地面灌溉等人为生产活动干扰的影响,畦宽的变异性对地表水流的推进过程及消退过程产生影响,进而使灌水质量发生波动。因此,开展畦宽变异性的研究,对确定合理的灌水技术要素,提高地面灌溉的灌水质量具有重要的意义。

采用标准差 S_w 值作为评价畦宽变化程度的指标,即

$$S_w = \sqrt{\sum_{i=1}^{M}(W_i - W_0)^2/(M-1)} \tag{2.13}$$

式中:S_w 为畦宽变化的标准偏差,m;W_i 为第 i 个测点的实际畦宽,m;W_0 为畦田的设计宽度,m;M 为测点数量。

根据观测到的沿畦长方向上不同位置处的畦宽资料,计算其标准偏差,并

计算沿畦长方向上各测点畦宽的变异系数 C_v,结果见表 2.16,26 条畦田的平均畦宽统计特征见表 2.17。

表 2.16　畦宽控制误差的统计特征值

畦田编号	平均畦宽/m	标准偏差 S_w/m	变异系数 C_v
B1	1.117	0.077	0.055
B2	1.159	0.064	0.043
B3	1.477	0.097	0.065
B4	1.392	0.095	0.059
B5	1.350	0.094	0.052
B6	1.547	0.111	0.068
B7	1.660	0.141	0.087
B8	1.798	0.182	0.090
B9	1.394	0.152	0.106
B10	1.580	0.150	0.117
B11	1.380	0.140	0.133
B12	1.849	0.135	0.098
B13	1.494	0.055	0.050
B14	1.632	0.053	0.046
B15	1.279	0.125	0.084
B16	1.395	0.074	0.053
B17	1.493	0.131	0.097
B18	1.502	0.079	0.051
B19	1.609	0.129	0.078
B20	1.788	0.221	0.123
B21	1.619	0.415	0.089
B22	1.603	0.230	0.053

畦田编号	平均畦宽/m	标准偏差 S_w/m	变异系数 C_v
B23	2.000	0.060	0.043
B24	1.451	0.157	0.085
B25	1.282	0.084	0.056
B26	1.061	0.070	0.043
均值	1.496	0.128	0.074

表 2.17 试验区内平均畦宽的统计特征

均值 /m	最大值 /m	最小值 /m	中值 /m	标准差	变异系数	偏度	峰度	分布类型
1.496	2.000	1.061	1.493	0.224	0.150	0.120	0.063	正态($p=0.15$)

$S_w=0$ 是理论上可达到的最佳畦宽控制误差,即畦宽沿着畦长方向是恒定不变的。较大的 S_w 值意味着较大的畦宽控制误差。由于地面灌溉是以表土作为输水和受水界面,所以地表水流的推进过程及消退过程必然受田面微地形和水流边界条件情况的影响,进而畦田的灌水质量就随之波动。畦宽标准偏差 S_w 反映畦宽沿着畦长方向上的波动情况,变异系数 C_v 反映畦宽变化分布的离散程度。

从表 2.16 和表 2.17 可以看出,畦宽的标准偏差 S_w 值在 0.053~0.415 m 之间变动,均值为 0.128 m;畦宽的变异系数在 0.043~0.133 范围变化,均值为 0.074,畦宽沿畦长变化的变异程度大多属于弱强度变异,其对灌水质量的影响可忽略。

2.3.2 灌水流量

2.3.2.1 灌水流量的估算方法

在地面灌溉过程中,由于实际灌水流量不易控制,所以相较于设计灌水流量有偏差,以致不能得到理想的灌水质量,甚至可能出现灌水质量不合格的情况。目前,流量的精确测量方法有很多,包括流量计法、流速仪法、量水堰法等,但对于以统计流量控制误差为目标的调查来说,这些方法均具有难以实现无干扰测量、成本过高等缺点。传统的估算方法是根据畦首水深和水流推进的数据,引入地表储水形状系数和地下储水形状系数,进而估算畦灌的单宽流量。但这种方法精度不高,相对误差在 10% 左右。为此,有必要提出具有较高精度且方便可行的新的入畦流量估算方法,从而使大范围地、准确地调查灌水流量控制误差成为可能,为畦灌的优化设计奠定基础。

本文提出了 2 种基于水量平衡原理的入畦流量估算方法:利用土壤含水率计算入畦流量的方法(以下简称含水率法)和基于土壤入渗模型计算入畦流量的方法(以下简称入渗模型法),并与传统的基于畦首水深及地表水流运动过程计算入畦流量的方法(以下简称畦首水深法)进行了精度和工作量等方面的比较。

(1) 含水率法

含水率法首先利用控制点灌水前后土壤含水率的变化求得该点的入渗水深,然后利用辛普森公式积分得到畦田单宽入渗水量,根据水量平衡方程即可求得入畦单宽流量。运用此方法时,每条畦田上 17 个断面的土壤灌前灌后含水率均需观测,对每个断面 3 点含水率取均值,另需记录灌水时间。

储存于各点土壤计划湿润层内的水量如式(2.3)所示。对各观测断面含水率均值在畦长方向上采用复合辛普森公式积分,得到整条畦田的单宽入渗水量。畦田长 80 m,每隔 5 m 设立 1 个观测断面,从畦首开始观测点依次编号为 $1,2,3,\cdots,16,17$。根据辛普森公式原理将畦田沿长度方向按步长 $h=10$ m 分为 8 等份,在每个子区间 $[x_k,x_{k+2}]$ 上采用辛普森公式,k 为奇数观测点,即 $1,3,5,\cdots,13,15$;x_k 为第 k 个观测点距畦首的距离,m;若记 $x_{k+1}=x_k+\dfrac{1}{2}h$,则得

$$I=\int_0^{80} V(x)\mathrm{d}x=\sum_{k=1}^{15}\int_{x_k}^{x_{k+2}} V(x)\mathrm{d}x$$

$$=\frac{h}{6}\sum_{k=1}^{15}\left[V(x_k)+4V(x_{k+1})+V(x_{k+2})\right] \tag{2.19}$$

式中:I 为畦田单宽入渗量,cm^2;$V(x_k)$ 为第 k 个观测点入渗量,cm;其余符号意义同前。

根据水量平衡原理,总的入渗量即为灌水量,忽略畦宽的空间变异性,则单宽入渗量即为单宽灌水量。入畦单宽流量为

$$q = I/t \tag{2.20}$$

式中:q 为入畦单宽流量,$cm^2 \cdot s^{-1}$;I 为畦田单宽灌水量,cm^2;t 为灌水时间,s。

(2) 入渗模型法

入渗模型法首先利用随机选取的畦田上两观测断面灌水前后土壤含水率的变化求得 Kostiakov 模型参数,利用 Kostiakov 模型计算得到点入渗量,积分得畦田单宽入渗量,进而得到入畦单宽流量。此方法需要观测的项目包括水流推进、消退资料,沿畦长方向 2 个观测断面的灌前、灌后土壤含水率值。

Kostiakov 入渗模型属于经验模型,被广泛应用。土壤入渗参数估算方法较多,但大多数方法都需要用到入畦流量,本书采用的是灌水前后利用土壤含水率分布资料估算畦田入渗参数,此方法仅需灌水前后观测点的土壤含水率以及推进、消退资料,计算结果能真实反映田面水流运动对入渗的影响。

采用 Kostiakov 模型描述土壤入渗过程,观测点处入渗的水量可表示为式(2.2),对田间任意 2 个观测断面建立方程,入渗参数 α 和 k 计算方法见式(2.5)和式(2.6)。

根据求得的土壤入渗参数和观测得到的各点的入渗时间,可得到沿畦长方向各观测点的入渗量。同样利用辛普森公式积分求出整条畦田的入渗量,根据水量平衡原理求得入畦单宽流量:

$$q = I/t = \int_0^L k t^\alpha \, dx / t \tag{2.21}$$

式中:q 为入畦单宽流量,$L \cdot s^{-1} \cdot m^{-1}$;$I$ 为畦田单宽灌水量(即单宽入渗量),m^2;t 为灌水时间,s;L 为畦长,m。

（3）估算方法的比较

在大田试验过程中，利用水表与秒表观测了流量，以此为基准分析含水率法、入渗模型法以及传统的畦首水深法的精度，具体见表2.21。各估算入畦流量方法观测的内容不尽相同，具体每种方法需要观测的内容见表2.22。

表2.21 估算精度比较

畦田编号	实测流量 $q/\text{L} \cdot \text{s}^{-1}\text{m}^{-1}$	畦首水深法		含水率法		入渗模型法	
		计算流量 $q/\text{L} \cdot \text{s}^{-1}\text{m}^{-1}$	相对误差 $\sigma/\%$	计算流量 $q/\text{L} \cdot \text{s}^{-1}\text{m}^{-1}$	相对误差 $\sigma/\%$	计算流量 $q/\text{L} \cdot \text{s}^{-1}\text{m}^{-1}$	相对误差 $\sigma/\%$
N1	3.09	2.68	13.27	3.07	0.65	2.96	4.21
N2	5.61	5.16	8.02	4.80	14.44	5.16	8.02
N3	6.85	6.08	11.24	7.01	2.34	6.49	5.26

由表2.21可以看出，入畦流量的估算方法中，畦首水深法、含水率法和入渗模型法的平均相对误差分别为10.84%、5.81%和5.83%。含水率法和入渗模型法明显具有较高的精度，且两者之间的差异不大。

表2.22 工作量比较

估算方法	测含水率的土样	灌水时间	推进、消退过程	畦首水深
畦首水深法	84个	观测	观测	观测
含水率法	714个	观测	无	无
入渗模型法	84个	观测	观测	无

与传统的估算方法相比，含水率法和入渗模型法均具有更高的精度，且入渗模型法需要更少的观测量。因此，一般宜选用入渗模型法估算入畦流量。

2.3.2.2 灌水流量的变异特征

（1）井间出流量的变异特征

不同机井的出流量存在一定的差异，这种差异性使得灌溉管理变得复杂起来。在灌水过程中，实际灌水流量很难准确达到设计流量，使得实际灌水效果与预期灌水效果产生较大偏差。有研究表明，当灌水流量与设计流量偏差大于25%时，灌溉效率和灌水均匀度就会受到较大的影响。因此，分析井间出流量的变异特性就显得十分重要,本书根据观测到的试验区 30 眼机井实测出流量,见表 2.23,分析得到了机井出流量的统计特征,见表 2.24。

表 2.23　机井出水量的实测值

机井编号	1	2	3	4	5	6	7	8	9	10
流量/L·s^{-1}	5.10	5.23	3.45	4.80	9.05	4.23	7.50	6.75	4.14	7.80
机井编号	11	12	13	14	15	16	17	18	19	20
流量/L·s^{-1}	9.6	6.48	4.25	7.43	6.11	9.15	6.18	10.80	8.23	9.07
机井编号	21	22	23	24	25	26	27	28	29	30
流量/L·s^{-1}	8.46	9.15	7.65	4.02	5.04	9.91	9.04	8.26	9.83	9.31

表 2.24　机井出水量的统计特征

均值/L·s^{-1}	最大值/L·s^{-1}	最小值/L·s^{-1}	中值/L·s^{-1}	标准差	变异系数	偏度	峰度	分布类型
7.20	10.80	3.45	7.6	2.40	0.63	−0.24	−1.25	正态($p=0.15$)

由表 2.24 可以看出,试验区不同机井的出流量存在很大差异,最大出流量为 10.80 L·s^{-1},最小只有 3.45 L·s^{-1},其均值为 7.20 L·s^{-1},变异系数为 0.63,属于中等强度变异。从统计结果来看,当我们以机井出流量的统计均值作为设计流量时,最大流量和最小流量与均值的偏差分别达到 50% 和 52%,且有约 20% 的出流量与均值的偏差大于 25%,可见,出流量的这种偏差在实际应用中不容忽视。

(2)井内出流量的变异特征

在进行灌溉系统的设计和管理时,常假定灌水过程中灌水流量是稳定的。实际上,在机井抽水灌溉时,随着时间的延长,机井水位是逐渐降低的,然后趋于稳定,因此出流量也是一个逐渐减小并趋于稳定的过程。灌水流量不仅影响灌溉过程中的地表储水量,同时也决定着水流的推进速度。灌水流量的微小变化将会对入渗参数的估算产生显著的影响。在井灌区,由于机井出水量受到井泵类型、地下水位状况、井泵运行状态等因素的影响,机井出水量的可调节范围有限。因此,在井灌区的各灌水技术要素中,流量是一个重要的限制因素。采用水表和秒表调查统计了 30 次机井的出流量情况,为了更精确地描述流量的变化过程,在出流的最初一段时间内,间隔 1～2 min 测量流量,直到流量趋于稳定,之后测量间隔逐渐增加大到 20～30 min。

平均流量 Q_{avg} 可表达为

$$Q_{avg} = \frac{\sum_{i=1}^{N} A_{qi}}{t_a} \tag{2.22}$$

其中,A_{qi} 为在 t_i 到 t_{i-1} 时刻的水量,可以用下式计算,

$$A_{qi} = 30(Q_i + Q_{i+1})(t_i - t_{i-1}) \tag{2.23}$$

式中:t_i 和 t_{i-1} 为从开始出流那刻算起流量的 2 个连续测定时间,min;Q_i 和 Q_{i-1} 为在时刻 t_i 和 t_{i-1} 的流量,L/s;t_a 为总的出水时间,min。

流量的波动特征采用变异系数和即时流量与平均流量的总偏差平方和 SSD_q 来表示

$$SSD_q = \sum_{i=1}^{N} (Q_i - Q_{avg})^2 \tag{2.24}$$

流量偏差平方和 SSD_q 反映了灌水过程中各时刻的流量与平均流量的偏差情况,SSD_q 越大,表明灌溉过程中流量的波动越大;SSD_q 越小,表明流量越稳定。

典型流量的变化过程见图 2.15。为了便于后面的分析,以畦宽为 1.5 m计算,则单宽流量的最大变幅、机井出流量的变异系数及总偏差平方和 SSD_q 的计算结果见表 2.25。

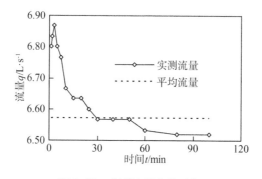

图 2.15 典型流量变化过程

表 2.25　单宽流量变异性的统计特征值(井内)

测量次序	变幅 $\Delta q/\mathrm{L} \cdot \mathrm{s}^{-1} \cdot \mathrm{m}^{-1}$	偏差平方和 $SSD_q /\mathrm{L}^2 \cdot \mathrm{s}^{-2}$	变异系数 C_v
1	0.17	0.018	0.014
2	0.08	0.016	0.098
3	0.27	0.062	0.129
4	0.38	0.088	0.026
5	0.17	0.012	0.021
6	0.22	0.026	0.012
7	0.19	0.024	0.026
8	0.03	0.001	0.006
9	0.04	0.006	0.008
10	0.10	0.043	0.022
11	0.07	0.013	0.019
12	0.09	0.004	0.009
13	0.21	0.027	0.023
14	0.17	0.014	0.019
15	0.08	0.005	0.007
16	0.19	0.040	0.022
17	0.14	0.034	0.014
18	0.43	0.152	0.035
19	0.36	0.145	0.037
20	0.37	0.095	0.035
21	0.21	0.022	0.019
22	0.33	0.093	0.046
23	0.22	0.023	0.025
24	0.24	0.035	0.022

续表

测量次序	变幅 $\Delta q/\mathrm{L} \cdot \mathrm{s}^{-1} \cdot \mathrm{m}^{-1}$	偏差平方和 $SSD_{\mathrm{q}}/\mathrm{L}^2 \cdot \mathrm{s}^{-2}$	变异系数 C_{v}
25	0.35	0.100	0.043
26	0.13	0.013	0.012
27	0.27	0.051	0.026
28	0.47	0.324	0.047
29	0.13	0.055	0.029
30	0.21	0.050	0.021
均值	0.211	0.053	0.029

从图 2.15 典型流量变化过程可以看出,机井出水流量是逐渐减小并最终趋于稳定的。从表 2.25 可以看出,流量的变异系数 C_{v} 在 0.006~0.098 之间,均值为 0.029,均小于 0.1,属于弱强度变异。总偏差平方和 SSD_{q} 在 0.001~0.324 $\mathrm{L}^2 \cdot \mathrm{s}^{-2}$ 之间变化,均值为 0.053 $\mathrm{L}^2 \cdot \mathrm{s}^{-2}$。

2.3.2.3 流量变异性对灌水质量的影响

在地面灌溉的灌水质量评价和管理中,常常假定流量从开始灌水到结束都是稳定的,但实际上,流量存在一定程度的变异性,并且流量的这种变异对灌水效率和灌水均匀度产生显著的影响,尤其是流量变异导致水流不能顺利推进到畦尾时对灌水质量的影响最为严重,在灌水质量评价中,灌水流量的这种变异性不可忽略。根据前述灌水流量变异特征的分析结果,模拟单宽流量的变异性对灌水质量的影响。

根据观测到的灌水流量实测值,选择几组流量偏差平方和 SSD_{q} 有明显变化的流量过程,以试验区典型的畦长(110 m)、土壤特性参数(入渗系数为 0.006 5 m · $\mathrm{min}^{-\alpha}$,入渗指数为 0.68,糙率为 0.038,纵坡为 0.001 3)进行灌溉模拟,流量恒定及存在波动时的灌水质量评价指标见图 2.16。其中,流量恒定和流量波动时模型需要分别输入流量的均值及即时流量,2 种情况下其他因素的选取相同。

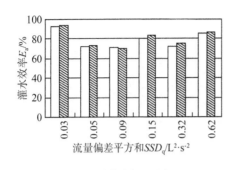

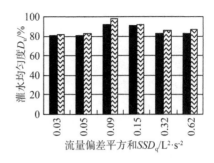

（a）对灌水效率的影响　　　　　　　　（b）对灌水均匀度的影响

□ 灌水效率（流量波动）　　　　▨ 灌水效率（流量恒定）

■ 灌水均匀度（流量波动）　　　　☒ 灌水均匀度（流量恒定）

图 2.16　流量恒定及存在波动时灌水质量对比

将采用各时刻的即时流量模拟得到的灌水质量评价指标作为真值,流量恒定及存在波动时的灌水质量评价指标相对误差 RE 可表示为

$$RE_q(E_a) = \frac{|E_a(q) - E_a(\bar{q})|}{E_a(q)} \times 100\%$$

$$RE_q(D_u) = \frac{|D_u(q) - D_u(\bar{q})|}{D_u(q)} \times 100\% \qquad (2.25)$$

式中: $RE_q(E_a)$ 和 $RE_q(D_u)$ 分别为灌水效率和灌水均匀度的相对误差; $E_a(q)$ 和 $D_u(q)$ 为采用实测流量过程模拟的灌水质量评价指标; $E_a(\bar{q})$ 和 $D_u(\bar{q})$ 为采用平均流量模拟的灌水质量评价指标。

分别计算流量恒定及存在波动时的灌水质量评价指标的相对误差情况,结果见表 2.26。

表 2.26　灌水质量评价指标的相对误差

序号	单宽流量 /L·s⁻¹	变异系数 C_v	流量偏差平方和 SSD_q /L²·s⁻²	$RE_q(E_a)$ /%	$RE_q(D_u)$ /%
1	4.3	0.023	0.027	1.08	1.23

续表

序号	单宽流量 /L·s⁻¹	变异系数 C_v	流量偏差平方和 SSD_q /L²·s⁻²	$RE_q(E_a)$ /%	$RE_q(D_u)$ /%
2	6.1	0.026	0.050	1.39	2.47
3	4.5	0.026	0.088	1.41	6.52
4	4.6	0.037	0.145	3.75	1.10
5	6.1	0.047	0.324	4.17	3.61
6	4.3	0.129	0.620	1.16	4.82

从图 2.16 及表 2.26 可以看出,流量恒定和流量存在波动情况下灌水质量评价指标存在一定的差异,流量的波动性降低了灌水效率和灌水均匀度,降幅分别在 1.08%～4.17% 和 1.10%～6.52% 之间,但是随着流量偏差平方和的增加,灌水效率和灌水均匀度的降低趋势并不明显。

在不同畦长条件下,灌水流量的变异对灌水质量的影响也有差异。设置长分别为 75 m、100 m、125 m、175 m、225 m 及 275 m,单宽流量以 0.5 L·s⁻¹·m⁻¹ 的步长从 2 L·s⁻¹·m⁻¹ 变化到 10 L·s⁻¹·m⁻¹,选择试验区典型的土壤特性参数(入渗参数 k 和 α 分别为 0.006 5 m·min⁻ᵃ 和 0.68,糙率为 0.038)及田面纵坡(0.001 3)进行灌溉模拟,不同畦长下灌水质量随着灌水流量的变化见图 2.17。

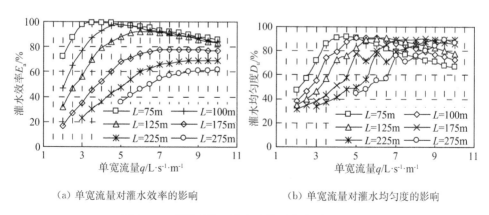

(a) 单宽流量对灌水效率的影响   (b) 单宽流量对灌水均匀度的影响

图 2.17　不同畦长下单宽流量对灌水质量的影响

从图 2.17 中可以看出,在不同畦田长度下,灌水质量评价指标均呈现先增加后减小的趋势,对于一定长度的畦田来说,在不冲流速的限制下,单宽流量并非越大越好,在单宽流量为 4～7 L·s^{-1}·m^{-1}、畦长为 75～125 m 时,可以获得较高的灌水效率和灌水均匀度。

从研究结果来看,单宽流量对灌水质量的影响程度与畦长的关系不明显,这与国外的一些研究结论不太一致,主要原因是国外的畦田多采用尾部开放式(Open end),且土壤质地大多较重,入渗能力偏低,因而改变畦长就能改善灌水质量对单宽流量的敏感性。

综合以上分析结果,单宽流量的变异对灌水质量的影响较大,在实际的灌溉设计和管理中,单宽流量的控制精度问题需要引起重视。

2.3.3 改水成数

2.3.3.1 改水成数控制误差的统计特征

改水成数是实现定额灌水,提高灌水质量的重要措施。改水过早会使畦尾部受水不足,改水过迟会引起尾部积水。由于田间操作存在误差,所以改水的位置与设计位置存在一定差异。

调查了 4 组改水成数下的控制误差情况,分别计算其绝对误差和相对误差。调查的畦田长度均为 110 m,不同设计改水成数下的实测距离见表 2.27,统计特征见表 2.28。

表 2.27 设计改水成数下的实测距离

测量次序	不同设计改水成数下的实测距离/m			
	0.75 改水	0.80 改水	0.85 改水	0.90 改水
1	88.9	93.2	91.6	104.0
2	85.8	90.0	90.4	101.1
3	83.2	89.4	88.6	99.8
4	82.0	88.7	88.2	99.9
5	79.8	85.0	91.5	98.1

续表

测量次序	不同设计改水成数下的实测距离/m			
	0.75 改水	0.80 改水	0.85 改水	0.90 改水
6	82.3	87.2	92.2	98.5
7	81.8	89.1	94.7	100.4
8	82.0	88.6	94.3	99.7
9	83.6	89.3	94.8	100.7
10	83.2	89.0	94.6	99.6
11	83.6	88.6	94.1	99.6
12	82.7	88.4	93.4	99.0
13	82.2	87.3	93.6	99.8
14	82.0	87.1	93.7	99.2
15	81.6	87.8	93.8	98.8
16	80.7	86.7	92.8	97.5

表 2.28 改水成数控制误差统计特征

改水成数	控制误差		均值		标准差		变异系数
	绝对误差范围/m	相对误差范围/%	绝对误差/m	相对误差/%	绝对误差/m	相对误差/%	
0.75	0.20~12.38	0.3~15.0	5.35	6.48	5.41	6.56	1.18
0.80	0.22~10.28	0.3~11.7	5.31	6.03	5.20	5.91	0.94
0.85	0.21~10.07	0.1~10.8	4.55	4.87	3.67	3.93	1.03
0.90	0.07~8.95	0.1~9.1	3.11	3.14	2.52	2.55	1.05

从表 2.28 可以看出,改水成数的绝对误差范围在 0.07~12.38 m 之间,相对误差最小为 0.1%,最大则达到 15.0%。4 种改水成数控制误差的变异中,除了改水成数为 0.80 的变异系数低于 1.0,其他都大于 1.0,呈现较强的变异性。作为地面灌溉设计和管理的重要参数之一,改水成数存在的控制误差将导致灌溉水流不能推进到畦尾或造成畦田尾部积水,进而降低灌水质量,甚至引发农田环境问题,因此,改水成数存在的控制误差应引起足够的重视。

2.3.3.2 改水成数变异性对灌水质量的影响

将改水成数按 0.02 的步长从 0.70 到 1.00 之间变化,设置不同的灌水流量,依然采用试验区典型的土壤特性数据(入渗系数为 $k=0.006\,5\,\mathrm{m\cdot min^{-\alpha}}$,入渗指数为 $\alpha=0.68$,糙率为 0.038,纵坡为 0.001 3),畦长采用 110 m,在其他灌水技术要素不变的情况下,采用数值模型模拟田面水流运动不同改水成数下灌水质量评价指标的变化见图 2.18。

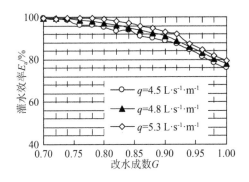 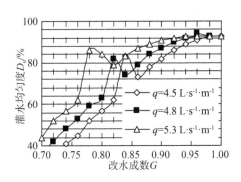

(a) 改水成数对灌水效率的影响   (b) 改水成数对灌水均匀度的影响

图 2.18 不同流量下改水成数对灌水质量的影响

从图 2.18 中可以看出,在给定的畦田长度下,随着改水成数的增加,灌水效率逐渐降低,灌水均匀度有逐渐增加的趋势。改水成数对灌水均匀度的影响要大于对灌水效率的影响(曲线斜率较大)。在改水成数小于 0.80 时,灌水均匀度通常较低,灌水效率较高,这主要是因为,在改水成数较低时,灌入田间的水量没有产生深层渗漏,因此,灌入计划湿润层的水量与灌入田间总水量的比值(即灌水效率)接近于 1.0,而畦田尾部由于灌水太少,与灌入田间水量均值的比值(即灌水均匀度)较低。但随着改水成数的增加,灌入田间的水量逐渐产生深层渗漏,畦田尾部水量也逐渐增多,因而灌水效率逐渐降低,灌水均匀度逐渐增加。

在不同的单宽流量下,改水成数的变化对灌水质量的影响程度不同。在较大的单宽流量下,灌水均匀度和灌水效率比较小流量时有所提高。这主要是因为,随着单宽流量的增加,在相同改水成数下,水流推进较快,深层渗漏量较小,灌入计划湿润层的有效水量是逐渐增加的,灌水效率和灌水均匀度会有所提高。因此,在试验区粉壤土的条件下,较大的单宽流量有助于减小改水成数对灌水质量的影响。

第3章

土壤初始含水率沿程不均匀分布下灌水技术要素调控

在畦灌过程中,土壤水分入渗与地表水流运动同时进行,两者密切联系、相互作用,共同影响灌水质量。田面坡降是畦田的自然特征,自然坡降使得灌溉水在重力及水流推动作用下从畦首顺坡降流向畦尾。在我国半干旱半湿润地区以及湿润地区,降雨亦会通过畦田的自然坡降发生入渗并产生径流,若降雨历时过长或雨强过大,在封闭畦田的尾部还可能形成积水,降雨产流之后的畦田沿畦长方向会出现一定程度上的土壤水分分布不均匀现象[204]。土壤水分状态是影响土壤入渗性能以及农田作物耗水的重要因素,早期关于畦灌技术要素设计的相关研究表明土壤入渗的空间变异性对灌水质量的影响尤为显著。因此,降雨产流所形成的土壤水分空间变异,将会通过影响土壤入渗性能进而影响畦灌水流运动特性,使得按一般情况设计的畦灌技术要素不能满足灌水质量最高的要求。

现有考虑土壤入渗性能空间变异性的研究多是将土壤入渗性能作为土壤的固定属性来进行统计上的分析,并且假定灌水前畦田土壤初始含水率为均匀的分布状态,很少考虑初始土壤水分空间变异性对于畦灌水流运动以及灌水质量的影响。降雨产流等因素导致的畦田土壤含水率分布不均匀,及其对畦田作物耗水强度、灌水前土壤入渗性能以及灌水质量的影响等相关问题还有待进一步探讨。因此,针对降雨产流后畦田土壤初始含水率沿程不均匀分布的情况,本书开展了一维土柱入渗试验、二维土槽灌溉试验,进一步结合 WinSRFR 地面灌溉模拟模型,探讨了初始含水率沿程不均匀对畦灌田面水流运动和灌水质量的影响规律,优化求解畦灌技术要素,以期为土壤初始含水率沿程不均匀条件下畦灌技术要素调控提供科学依据。

3.1　初始含水率对土壤入渗性能的影响

3.1.1　土柱试验设计及参数拟合

试验于 2021 年 6 月在河海大学节水园区节水与农业生态试验场开展,供试土壤为粉砂壤土,其砂粒、粉粒、黏粒质量分数分别为 17.92%、80.97%、1.11%,容重 1.30 g/cm³,电导率 2.18 dS/m。土柱试验采用直径 10 cm、高 100 cm 的有机玻璃土柱以及直径 15 cm 的马氏瓶开展;一维土柱入渗试验共设置 8 个处理,其初始土壤体积含水率分别为 0.11 m³/m³(T1)、0.15 m³/m³(T2)、0.17 m³/m³(T3)、0.19 m³/m³(T4)、0.20 m³/m³(T5)、0.22 m³/m³(T6)、0.23 m³/m³(T7)、0.25 m³/m³(T8);各处理入渗水深均为 20 mm;入渗时长为 70 min;试验过程中实时观测并记录马氏瓶水位变化。

采用 Kostiakov 模型进行一维土壤入渗计算,其公式为

$$I = A(\theta_0)t^{\alpha(\theta_0)} \tag{3.1}$$

式中:I 为累积入渗量,m;t 为入渗时间,s;$\alpha(\theta_0)$ 为入渗指数;$A(\theta_0)$ 为入渗系数;θ_0 为土壤初始体积含水率,m³/m³。

通过一维土柱入渗试验得到不同初始含水率下的累积入渗量,对入渗系数 $A(\theta_0)$ 及入渗指数 $\alpha(\theta_0)$ 进行公式拟合,将拟合的公式代入 Kostiakov 模型,计算土槽试验中土槽沿程各点的累积入渗量,并对比各点累积入渗量与计划灌水量之间的关系。

3.1.2 初始含水率对入渗性能的影响分析

图 3.1(a)中散点表示不同初始含水率状态下土壤累积入渗量的实测值,试验结果显示不同初始含水率条件下累积入渗量随时间的推移而逐渐增加,先表现为非线性特征,而后逐渐转变为线性变化,即土壤入渗由非稳定入渗变为稳定入渗,且随着初始含水率的增加达到稳定入渗的时间逐渐提前,说明初始含水率越高,土柱内形成稳定入渗通道所需要的时间越短。当初始含水率大于等于 0.25 m³/m³ 时(T8 处理),入渗很快达到稳定入渗状态,图 3.1(a)中该处理累积入渗量的曲线可近似为一条直线。在入渗试验的 0~20 min 之间,T1~T6 处理的累积入渗量差异不大。试验开始 20 min 后各处理表现出明显差异,初始含水率越低,同一时刻的累积入渗量越高。图 3.1(a)中不同形式直

线表示用 Kostiakov 模型模拟的不同初始含水率条件下的累积入渗量,T1～T8 下 Kostiakov 模型模拟累积入渗量与实测值的系数 R^2 分别为 0.994、0.987、0.982、0.994、0.969、0.945、0.890、0.899,可见 Kostiakov 模型适用于本试验。

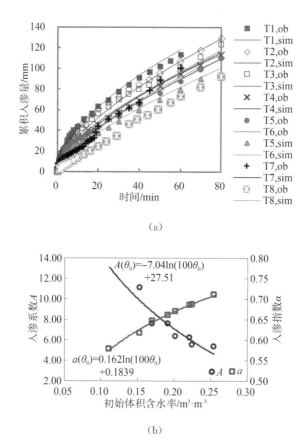

（a）

（b）

图 3.1　不同土壤初始含水率条件下累积入渗量随时间变化曲线和入渗系数、入渗指数随初始含水率的变化关系(图中 ob 表示观测值;sim 表示 Kostiakov 模型模拟值)

土壤累积入渗量可反映土壤入渗能力,研究发现入渗初期累积入渗量随初始含水率的增大而减小,这与张强伟和亢勇[205]的试验结果一致,可见土壤初始含水率是影响水分入渗能力的关键因素[206]。在土壤水分入渗初期,各组初始体积含水率差异较大,随着入渗过程的推进各组含水率差异逐渐缩小,累积入渗量之间的差异也随之减小。当土壤初始含水率较低且处于非饱和状态时,水分入渗主要靠土壤基质势以及毛管力驱动,即因灌溉来水,上层土壤含水率快速升高,与下层土壤间形成较大水势梯度,进而促进水分入渗[207]。当土壤初始含水率较高时,土壤团聚体遇水易出现膨胀崩解现象使得土壤孔隙度降低,形成不透水结皮,从而降低土壤入渗速率[208]。

图 3.1(b)表示入渗系数 A、入渗指数 α 与土壤初始体积含水率 θ_0 的关系,结果显示当初始体积含水率 θ_0 从 11.14% 增加到 25.45% 时,入渗系数 A 从 11.10 减小至 4.49,减小幅度为 59.5%,可见在相同土壤容重、灌水深度以及土壤质地条件下,初始体积含水率 θ_0 对 Kostiakov 模型入渗系数 A 的影响较大,入渗系数 A 随初始体积含水率 θ_0 的增大而下降,且当初始体积含水率 θ_0 增大到一定程度时,入渗系数 A 减小的趋势会趋于平缓。进一步对入渗系数 A 与初始体积含水率 θ_0 进行对数拟合,拟合公式为 $A(\theta_0) = -7.04\ \ln(100\theta_0) + 27.51$,拟合曲线的相关系数 R^2 为 0.98,说明入渗系数 A 与初始体积含水率 θ_0 之间符合对数关系,拟合公式的可信度较高,可用于推测不同初始含水率条件下 Kostiakov 模型的入渗系数 A。入渗指数 α 与土壤初始体积含水率 θ_0 的变化结果显示,初始体积含水率 θ_0 对入渗指数有较大影响,入渗指数 α 随初始体积含水率 θ_0 的增大而增大,当初始体积含水率 θ_0 从 11.14% 增大到 25.45% 时,入渗指数 α 从 0.578 3 增长至 0.710 5,增大幅度为 22.86%。入渗指数 α 与初始体积含水率 θ_0 满足对数关系,其拟合公式为 $\alpha(\theta_0) = 0.16\ \ln(100\theta_0) + 0.183\ 9$,拟合曲线的相关系数 R^2 为 0.99,可信度较高,表明本公式可用于推测不同初始体积含水率条件下 Kostiakov 模型的入渗指数 α。

Kostiakov 模型的入渗系数与土壤水势、结构和质地有关。在土壤结构和质地相同的条件下,土壤水势是影响入渗系数的唯一因素,而土壤水势与土壤含水率之间存在函数关系[209]。土壤水分入渗中后期,表层土壤迅速饱和,水分运动可近似看成饱和土壤水分运动。当过水面积不变时,土壤入渗通量由水势梯度决定,而在此条件下水势梯度由土壤含水率决定,初始含水率越低水势梯度越高,入渗系数越大。入渗指数反映入渗过程中土壤入渗能力的衰减情况,其值与土壤水势以及土壤质地有关。在土壤质地相同的条件下,入渗指数只受土壤水势的影响。水分入渗过程中,土壤初始含水率越高,过水断面上下的含水率差值越小,水势梯度越小,入渗过程越难,土壤入渗能力衰减得更加明显,入渗指数会有所增大。

3.2　初始含水率沿程不均匀对畦灌水流运动及灌水质量的影响

3.2.1　土槽试验设计

土槽畦灌试验装置长 10 m、宽 1.5 m、高 1.05 m,土槽内土壤深度 85 cm、表面坡度 0.002、灌水定额 40 mm,入畦单宽流量 q 为 1.0 L/(m·s),改水成数 G 为 9.0,根据曼宁公式计算田面糙率为 0.20。土槽试验共设置 3 个处理(TC1、TC2、TC3),各处理畦首土壤初始体积含水率均为 0.17 m^3/m^3,其初始体积含水率沿程每 2.5 m 增加 0%、3%、5%。试验过程中观测累积灌水量、田面水流推进及消退时间以及土槽底部深层渗漏量。

3.2.2　初始含水率沿程不均匀对畦灌田面水流运动的影响

图 3.2(a)散点表示土槽试验过程中不同初始含水率分布情况下的田面水流推进与消退情况,结果显示土槽初始含水率分布会影响田面水流推进情况,TC3 处理的初始含水率沿程增加幅度最大,其田面水流推进速度也最快,在试验开始后 5.41 min 推进至土槽末端;TC2 处理田面水流推进速度稍慢于TC3 处理,在试验开始后 6.42 min 完成推进过程;而 TC1 处理土壤初始含水率为均匀分布,其田面水流推进速度最慢,试验开始后 7.11 min 推进至土槽末端。观察田面水流推进曲线,可以发现 3 种处理在土槽 0~3 m 处田面水流推进速度无明显差距,水流推进超过 3 m 后,田面水流推进速度开始出现差距,其速度由大到小依次为 TC3、TC2、TC1 处理,且随着田面水流继续向前推进,田面水流推进的差距逐渐扩大。由此可以看出,随着初始含水率的增加,田面水流推进速度也随之变大,水流推进至末端所需时间减少。当改水成数不变

时,土壤初始含水率越高,聚积在土槽末端的水量越大,容易形成深层渗漏,可见当土壤初始含水率沿程增加时,原定灌水方案将会造成畦田灌水质量下降。

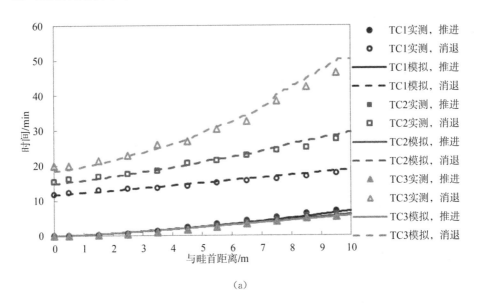

（a）

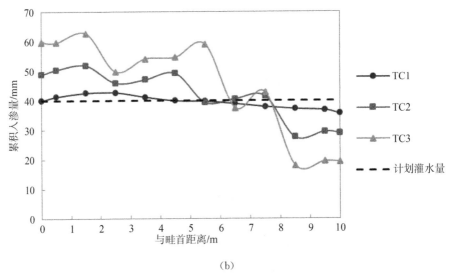

（b）

图 3.2　不同初始含水率条件下土槽试验水流推进及消退曲线和累积入渗量分布

各处理田面水流消退状况均是土槽首部最先完全消退、末端后消退。田面水流消退速度受土槽土壤初始含水率的影响较大,TC1 处理的土槽土壤初始含水率最低,且沿程均匀分布,其田面水流消退速度最快,在 17.52 min 左右完全消退,土槽首尾消退时间差只有 5.77 min;TC2 处理的田面水流消退速度相较于 TC1 出现了明显降低,在 27.48 min 左右完全消退,土槽首尾消退时间差变大,为 12.08 min,超过 TC1 处理的 2 倍;TC3 处理土壤初始含水率沿程增加幅度最大,该处理田面水流消退速度较 TC1 处理下降更为剧烈,在 46.41 min 时才可实现完全消退,且首尾消退时间差进一步拉大,达到 27.27 min,约为 TC1 处理的 5 倍。

图 3.2(b)为土槽试验不同处理的累积入渗情况,结果显示各处理累积入渗量沿畦长方向整体上均呈下降趋势,其中 TC1 处理累积入渗量分布更加均匀,最大、最小分别为 43.57 mm 和 35.97 mm,差距仅为 7.60 mm,但是仅前 0~5.5 m 处满足了计划灌水需求;TC2 处理下最大、最小累积入渗量分别为 51.82 mm 和 29.48 mm,两者差值为 22.34 mm,其中土槽前 0~7.5 m 部分超过了灌水定额;TC3 处理最大累积入渗量高达 62.60 mm,累积入渗量最小值仅为 18.01 mm,差距高达 44.59 mm,该处理也能保证土槽前 7.5 m 处的灌水量。由此可见,土壤初始含水率沿程增加的条件下,随着土壤初始含水率的升高,田面水流虽然会向土槽末端汇聚,但由于土槽首部初始含水率低,土壤入渗能力更强,田面水位下降速度快,停止灌水后,田面水流会出现倒流现象,首尾初始含水率差值越大,倒流现象越明显,因此累积入渗量差值也越大,换言之当土壤初始含水率沿程增加的幅度越大,其灌水均匀性越差。

畦灌水流运动可分为沿畦长方向推进以及向下入渗两部分,水流运动受畦田坡度、田面糙率以及畦田初始含水率等因素影响。土壤初始含水率是影响土壤入渗性能的关键因素,入渗速率影响畦灌水流消退过程。研究中土槽试验结果显示,在土槽相同位置上田面水流消退时间由小到大依次为 TC1、TC2、TC3 处理,且各处理间消退时间差随着位置逐渐向土槽末端靠近而逐渐变大。这是由于初始含水率越高土壤入渗能力越低,当灌水定额和改水成数一定时,畦田土壤初始含水率沿程增加,会导致畦灌水流入渗逐渐受阻,田面水流消退沿程逐渐变慢。本试验还发现,初始含水率较高时,畦灌水流推进速度较快,这是由于高含水条件下土壤颗粒蓄水能力较弱,土壤水力传导度提高,减少了水流在水平方向上的运移阻力[210],加之初始含水率较高处水流消退速度较慢,会导致此处土壤表面受水时间过长,即入渗过程偏长,但由于初始含水率升高会降低土壤的入渗能力,故初始含水率对畦田灌水质量的影响还有待进一步研究。

3.2.3 初始含水率沿程不均匀对畦田灌水质量的影响

灌溉后不同处理土槽土壤含水率分布如图 3.3(a)所示,结合土槽土壤初始含水率分布情况分析可知,灌溉后各处理土槽首部表层土壤含水率最高(体积含水率均超过 50%)。TC1 处理土壤初始含水率较低且沿程均匀分布,其入渗深度较为均匀,均在 40 cm 左右;TC2 处理距畦首 1.0 m 处入渗深度达到了 55 cm,而 9~10 m 处入渗深度较小,仅为 35 cm;TC3 处理整体入渗深度大于前 2 个处理,平均入渗深度为 60 cm,距畦首 2.0 m 处入渗深度超过 70 cm,可形成深层渗漏。

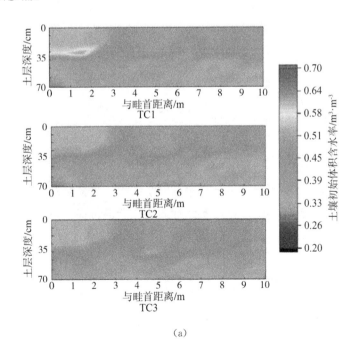

(a)

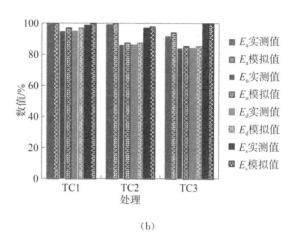

(b)

图 3.3　不同处理灌后土槽土壤水分分布和灌水质量评价指标

不同处理灌溉水质量评价结果显示[图 3.3(b)],在灌水技术要素保持不变的条件下,各处理储水效率均保持在一个较高的水平,分别为 98.57 %、97.12 % 和 100 %;TC1 处理灌水效率和灌水均匀度最高,分别为 100% 和 92.50%,TC3 处理最低,灌水效率和灌水均匀度分别为 91.56% 和 45.50%,说明 TC1 处理对灌入水分的利用效率最高,灌溉水量沿畦长方向上分布更加均匀。综合灌水质量指标 E_m 结果显示,TC1 处理灌水质量综合评价指标最高(97.86%),TC3 处理最低(91.85%)。由此可见,土壤初始含水率沿程增加时,按初始含水率均匀分布状态下的灌水技术要素组合进行灌溉会导致灌水质量下降,且土壤初始含水率沿程增幅越大,灌水质量下降越明显。

畦田初始含水率影响畦田水流运动,进一步会影响灌后土壤水分分布情况。灌水效率、灌水均匀度、储水效率等畦灌评价指标均与灌后土壤含水率有关。在畦灌技术要素相同的情况下,畦田含水率沿程越不均匀,灌水质量越低,说明在初始含水率不均匀的条件下,若依然按照畦田初始含水率均匀条件制定的畦灌技术要素进行灌溉会降低灌水质量。

3.3 土壤初始含水率沿程不均匀条件下畦灌技术要素调控

3.3.1 WinSRFR 模型应用

WinSRFR 是基于零惯性量模型的田面水流运动模拟软件,它可以通过数值分析的方法,模拟地面灌溉过程的进行动态,直观地反映田面水流的推进和消退过程,且能够较准确地评价灌水质量。该软件输入数据有:田块规格(田块的长、宽和田面坡度)、土壤参数(入渗参数和田面糙率)、灌溉管理参数[计划灌水量、单宽流量和灌水时间(改水成数)]。输出结果包括:田面水流推进、消退曲线,入渗水深和累积入渗量沿程分布情况,灌水效率以及储水效率等数据。对比土槽试验中实测的田面水流推进、消退及灌水质量指标与 WinSRFR 模拟结果,计算决定系数 R^2 和均方根误差(RMSE),对 WinSRFR 模型进行验证。

3.3.2 灌水技术要素优化方法

选择常见的灌水效率 E_a、灌水均匀度 D_u 和储水效率 E_s 等 3 个指标对土槽试验中不同处理的灌水质量进行评价。传统的灌水均匀度 D_u 无法准确反映灌后土壤水分分布的均匀情况,而针对初始含水率不均匀分布的畦灌来说灌后水分的均匀程度尤为重要,因此针对初始含水率沿程不均匀的情况,引入灌后土壤水分均匀度 E_u 对灌水质量进行评价,其公式为

$$\begin{cases} E_u = 1 - \dfrac{\sum\limits_{i=1}^{n} \left| Z_i - \dfrac{1}{n}\sum\limits_{i=1}^{n} Z_i \right|}{\sum\limits_{i=1}^{n} Z_i} \\ Z_i = Z + \theta_i h \end{cases} \tag{3.2}$$

式中:Z_i 为观测点总水深,观测点沿畦长方向均匀分布,mm;n 为观测点总数,根据畦田长度,每 1.0 m 取一个观测点;Z 为观测点累积入渗量,mm;θ_i 为观

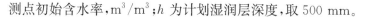

测点初始含水率，m^3/m^3；h 为计划湿润层深度，取 500 mm。

初始含水率沿程不均匀条件下畦田灌水技术要素调控的目标函数为

$$\max E_m = \max(aE_a + bE_u + cE_s) \tag{3.3}$$

式中：E_m 为灌水质量综合评价指标，其与 E_a、E_u、E_s 均是关于灌水技术要素组合的函数；a、b、c 为权重系数，取值均为 1/3。

本书选择位于半湿润半干旱地区的河北省沧州市为研究区，根据当地的实际情况，选择入畦单宽流量 q、畦田长度 L 和改水成数 G 作为灌水技术要素变量，其取值范围分别为：$3\sim9$ L/(m·s)、$60\sim100$ m、$6\sim8$，在各取值范围内将单宽流量平均分为 7 个水平、畦田长度平均分为 9 个水平、改水成数平均分为 5 个水平，一共 315 种灌水技术要素组合，利用验证好的 WinSRFR 模型进行模拟，寻求畦田土壤初始含水率沿程增加情况下的最优灌水技术要素组合，最终实现对由降雨径流产生的初始含水率沿程不均匀分布下的畦田灌水技术要素调控。

3.3.3　土壤初始含水率沿程不均匀条件下畦灌技术要素优化结果

3.3.3.1　WinSRFR 模型验证

基于土槽试验土壤初始含水率分布情况，结合土柱试验得到的入渗系数、入渗指数与土壤初始含水率关系式，得到 WinSRFR 模型所需的模拟参数（表3.1）。利用 WinSRFR 模型模拟土槽灌溉试验中的田面水流运动，结果显示，各处理土槽中后段田面水流推进速度实测值小于模拟值，这是由于试验过程中田面实际水深大于试验设计值，导致实际土壤入渗能力大于理论计算值，使得田面水流推进实际速度小于模拟值。而同样在土槽中后段，实测水流消退速度较模拟结果更快，这是因为 WinSRFR 数学模型假定只存在垂向入渗，实际试验中存在的水平入渗使得消退速度变快。TC1 处理实测和模拟水流推进、消退曲线均属于强相关，R^2 均大于 0.99，两者推进时间的 RMSE 仅有 0.41 min，占整体推进时间的 5.77%，消退曲线 RMSE 为 0.56 min，占总时间的 3.16%；TC2 处理实测和模拟水流推进、消退曲线也属于强相关，R^2 均大于 0.99，其水流推进模拟与实测 RMSE 为 0.46 min,占整体推进时间的 7.29%,TC2 处理田面水流消退模拟与实测 RMSE 为 0.82 min,占总时间的 2.98%;TC3 处理实测和模拟水流推进、消退曲线相关性良好,R^2 均大于 0.99,其水流推进模拟与实测 RMSE 为 0.38 min,占整体推进时间的 7.13%,TC3 处理田面水流消退模拟与实测 RMSE 为 1.55 min,占总时间的 3.36%。

表 3.1　WinSRFR 模拟所需入渗参数

试验处理	与畦首距离 /m	初始体积含水率 θ_0 /%	入渗参数	
			入渗系数 A	入渗指数 α
TC1	0~2.5	17.50	6.59	0.732 3
	2.5~5	17.68	6.49	0.734 5
	5~7.5	17.64	6.51	0.734 1
	7.5~10	17.37	6.66	0.730 6
TC2	0~2.5	17.50	6.59	0.732 3
	2.5~5	20.05	5.30	0.762 2
	5~7.5	23.18	3.92	0.794 1
	7.5~10	27.32	2.35	0.830 3
TC3	0~2.5	17.23	7.47	0.681 9
	2.5~5	22.16	5.70	0.722 1
	5~7.5	27.57	4.16	0.757 1
	7.5~10	32.22	3.06	0.782 0

由图 3.3 可知 E_a、E_u 和 E_s 的模拟值均高于实测值,其误差均在 5% 以内,均方根误差分别为 1.49%、1.65% 和 0.97%。综合田面水流运动及灌水质量评价指标模拟与实测对比结果可见,将得到的土壤初始含水率与入渗指数、入渗系数关系式代入 WinSRFR 模型来模拟畦灌田面水流运动以及评价畦灌灌水质量的准确性良好,结果可靠,可用于进行初始含水率沿程不均匀的畦灌水流运动模拟及灌水技术要素优化。

3.3.3.2　降雨后畦田参数分布

通过查阅文献[211-212],假定畦田降雨产流后土壤含水率沿程均匀增加,并且设定畦首土壤含水率为 18.90%,畦尾土壤含水率为 46.43%,则畦田土壤初

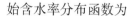

始含水率分布函数为

$$\theta_0(x) = 0.189 + \frac{0.275\,3\,x}{L} \tag{3.4}$$

式中：$\theta_0(x)$为距离畦首 x 米处土壤初始体积含水率，m^3/m^3；x 为与畦首的距离，m；L 为畦田长度，m。

将降雨后畦田土壤初始体积含水率分布函数[式(3.4)]代入土柱试验得到的入渗系数和入渗指数与土壤初始含水率的对数关系式，得到降雨产流后畦田入渗参数分布情况，即

$$\begin{cases} A(x) = -7.04\ln\left(18.90 + \dfrac{27.53x}{L}\right) + 27.51 \\ \alpha(x) = 0.16\ln\left(18.90 + \dfrac{27.53x}{L}\right) + 0.183\,9 \end{cases} \tag{3.5}$$

式中：$A(x)$为距离畦首 x 米处土壤入渗系数；$\alpha(x)$为距离畦首 x 米处的土壤入渗指数。

3.3.3.3　畦灌技术要素优化

图 3.4 表示不同灌水技术要素组合下，降雨产流导致的畦田初始含水率不均匀情况下的灌水质量模拟结果。如图 3.4 所示，在畦田土壤初始含水率沿程增加的条件下，当改水成数 G 在 6.0～6.5、单宽流量 q 在 5～9 L/(m·s)、畦田长度 L 在 80～100 m 之间时，灌水质量综合评价指标均高于 80.0%；当改水成数 G 在 7～8、单宽流量 q 在 4～5 L/(m·s)、畦田长度 L 在 75～100 m 之间时，畦田灌水质量综合评价指标均在 75.0%以上；相同畦田长度 L 和入畦单宽流量 q 条件下，畦田灌水质量随着改水成数 G 的增大而逐渐减小，相同改水成数 G 和单宽流量 q 条件下，畦田灌水质量随着畦田长度 L 的增加而增加。当土壤初始体积含水率沿程由 18.90%均匀增加至 46.43%时，为保证畦田灌水质量、提高水分利用率，改水成数 G 宜取 6.0～6.5、单宽流量 q 应控制在 5～9 L/(m·s)之间，畦田长度 L 宜设定为 80～100 m 之间。当畦田长度 L 为 85 m、单宽流量 q 为 7 L/(m·s)、改水成数 G 为 6 时，土壤初始含水率沿程增

加条件下的畦田灌水质量最高,其灌水效率 E_a 为 75.0%,土壤水分均匀度 E_u 为 78.3%,储水效率 E_s 为 100%,其综合灌水质量为 84.5%。

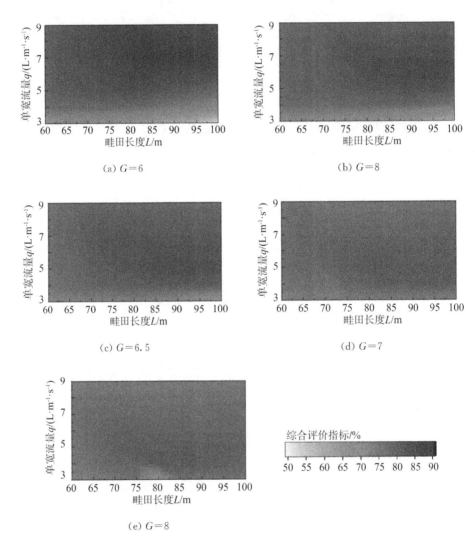

(a) $G=6$

(b) $G=8$

(c) $G=6.5$

(d) $G=7$

(e) $G=8$

图 3.4 不同灌水技术要素组合下灌水质量分布图

研究发现,在畦田初始含水率沿程增加的条件下,当畦长大于 80 m 时灌水质量较优,这与聂卫波等[61]的结论一致。这是由于畦田过短,畦田末端易出现壅水现象,进而增大田间渗漏,同时畦田初始含水率沿程增加又会加重这一现象,进一步降低灌水质量。有研究[213]认为,畦长 30 m 内单宽流量对灌水质量无显著影响,而本研究结果显示,在改水成数为 6 的情况下,高单宽流量可以取得较高灌水质量,这可能是因为选择较大的单宽流量可以克服田面糙率对灌水质量造成的不利影响,加强水流对地面的冲刷作用,促进土壤颗粒运移从而提高田面平整度,进而改善灌水质量,但实际灌溉中盲目加大入畦流量不仅会增加渗漏风险还易破坏作物,因此,仍需依据实际情况制定畦灌技术要素。研究认为畦田灌水质量随着改水成数 G 的增大而逐渐减小,该结论与王洋等[214] 的试验结果存在差异,这是由于在土壤含水率沿程增加的条件下,过晚的改水易使畦田末端产生壅水,发生深层渗漏,降低灌水效率以及灌水均匀度,进而影响灌水质量评价。综上,在畦田土壤初始含水率沿程增加的模拟条件下,畦长 L 为 85 m、单宽流量 q 为 7.0 L/(m·s)、改水成数 G 为 6 时可获得最优灌水质量。

第4章 基于溶质对流扩散动力特性的畦田灌水施肥技术要素设计

常见的地面灌溉施肥方式主要有两种,一种是表施化肥后灌溉,一种是水肥混合搅拌后灌溉,即灌溉施肥。有关资料表明,我国每年的化肥施用量近5 000万吨,约占世界总量的30%,居世界首位,据预测,到2030年化肥施用量将达6.8×10^7吨,其中氮肥将达3.890×10^7吨。随着农田化肥施用量的增大,地面灌溉技术的不合理,引起的肥料淋失量也在加大,加剧了地表水体和浅层地下水的污染,已经成为我国河流湖泊和地下水污染的重要来源。由于该问题的复杂性,加之其影响因素的多样性,往往使得实际的灌水施肥效果与预期的相差甚远。因此,研究尿素表施条件下畦灌水氮运动数值模拟,在此理论基础上进行灌水施肥技术要素最佳组合方案设计,对提高我国灌水施肥技术水平,推动节水节肥高效农业的发展具有重要意义。

4.1　畦灌地表水流中尿素浓度的变化规律

4.1.1　田间试验及观测

由于水流与肥料的运动规律有所不同,所以渗入土壤后沿畦田长度方向上的分布也不相同,与自然要素(土壤初始含水率、土壤入渗参数、地表糙率、畦田微地形等)、灌水技术要素(畦田规格、单宽流量、改水成数等)、施肥技术要素(肥料的种类、施肥方式、施肥量、施肥时机、施肥历时和表施条件下的施肥成数等)均有密切关系。

因此,基础资料的测定包括:土壤密度与初始含水率、初始铵态与硝氮含量、微地形、畦田规格、水流推进消退过程、畦首水深、灌水流量;灌后土壤含水率、尿素氮、铵氮和硝氮含量。

地面灌溉水肥运移与空间分布规律的田间试验研究,共设置30个试验畦,分为满成撒施、六成撒施、八成撒施等3个施肥处理和3个灌水流量处理、3个改水成数处理进行正交设计,观测并分析了畦灌地表水流中化肥的运动规律与空间分布规律。

对灌溉水源、灌溉水流推进和消退过程中的地表水流取样均测定其总氮含量，包括：① 灌溉水源取样，待灌溉试验开始水流稳定后，自出水口采集水样，每次取 3 个重复水样，每瓶水样不少于 250 mL。② 推进过程中的地表水流取样，在灌溉水流推进过程中，当水流前锋推进到各 10 m 观测点处，已过水的各观测点同时取水样。例如，水流推进到 20 m 处，则采集畦首、10 m 处和 20 m 处的水样，以此类推。③ 消退过程中的地表水流取样。当水流推进到达畦尾或停止推进后，15 min、30 min、60 min、120 min 沿畦长方向每 10 m 采集 1 份水样，已完成消退的畦段不再取样。

氨挥发测定试验采用通气法，选取典型畦田，在各畦中心线上距离畦首 10 m、50 m、90 m 处利用氨捕获装置测定。灌水后，前 3 天每天观测，以后每隔 3 天观测 1 次，观测时间为 8:00、20:00。取样时，将氨捕获装置中下层的海绵分别装入 500 mL 的塑料瓶（用大口的饮料瓶中），加 300 mL 1.0 mol/L 的 KCl 溶液，使海绵完全浸于其中，振荡 1 小时（盖盖子后震荡），浸取液中的铵态氨用纳氏试剂比色法测定。

试验的田间试验安排和各畦田的田间观测项目具体安排见表 4.1。

表 4.1 灌溉试验观测项目一览表

序号	处理编号	畦田编号	单宽流量 q/L·s^{-1}·m^{-1}	改水成数 G/%	施肥成数 S/%	观测项目				
						地表水流取样	地表水深	灌前土样采集	灌后土样采集	氨挥发
1	保护畦	东 0	3.0~6.0	85	100					
20		东 1								
21	7	东 2	9.0	80	100	√			√	典型
22		东 3								
23		东 4								
24	8	东 5	9.0	85	60	√			√	典型
25		东 6								
26		东 7								
27	9	东 8	9.0	90	80	√			√	典型
28		东 9								

续表

序号	处理编号	畦田编号	单宽流量 $q/L\cdot s^{-1}\cdot m^{-1}$	改水成数 G/%	施肥成数 S/%	观测项目				
						地表水流取样	地表水深	灌前土样采集	灌后土样采集	氨挥发
11		东 10								√
12	4	东 11	6.0	80	80	√	√	√	重点	√
13		东 12								√
14		东 13								
15	5	东 14	6.0	85	100	√	√	√	重点	
16		东 15								
17		东 16								
18	6	东 17	6.0	90	60	√		√	典型	
19		东 18								
2		东 19								
3	1	东 20	3.0	80	60	√		√	典型	
4		东 21								
5		东 22								
6	2	东 23	3.0	85	80			√	典型	
7		东 24				√				
8		东 25				√	√			
9	3	东 26	3.0	90	100	√		√	重点	
10		东 27				√				
29		东 28								
30	备用	东 29				√		√	典型	
31		东 30								

备注:①全部畦田均观测的项目包括水流推进消退过程、畦首水深、微地形;②灌后土样采集除重点、典型畦田外,其余按常规观测,即每间隔 20 m 设置 1 个采集点;③东 0 号畦田为试验保护畦田,并可作为正式试验前稳定、调试流量之用;东 28～30 号畦田作为前面试验失败畦田的备用。

4.1.2　尿素浓度沿畦长方向的分布

对于均匀撒施尿素的情况,当水流前锋推进到距畦首 16 m、24 m 和 40 m 时尿素浓度沿畦长方向的分布情况如图 4.1 所示。

由图可知,在各观测点处水流中尿素浓度沿畦长方向逐渐增大。对比 3 条分布曲线可以看出,水流前锋处的尿素浓度变化较大,离水流前锋越远,尿素浓度越低,其变化也越缓。因此,在尿素地表撒施条件下,水流对尿素颗粒的推移作用是影响地表水流中尿素浓度的主要因素。当然田面水流中的尿素浓度只是影响尿素在畦田土壤中分布的主要因素之一。

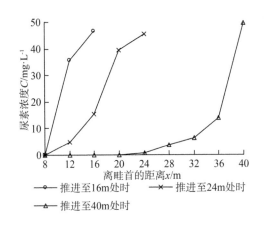

图 4.1　田面水流中尿素浓度沿畦长方向的分布曲线($q=4.6\,L\cdot m^{-1}\cdot s^{-1}$)

4.1.3　各点地表水流中 N 素浓度的动态变化

东 27 畦为均匀撒施尿素、十成改水、单宽流量 $2.84\,L\cdot min^{-1}\cdot m^{-1}$ 的处理,灌水 47 分钟时停水。图 4.2 为距离畦首 10～70 m 各 10 m 测点 N 浓度随时间的变化情况。

由此可以看出:① 与其他处相比,水流前锋的 N 浓度极大;② 随着水流前锋的推进,水流前锋的 N 浓度在降低;③ 各点的 N 浓度在水流前锋过后,无论是推进还是消退阶段,N 浓度变化不大。因此,在建立水肥分布评价模型时,水流前锋对化肥的推移作用不可忽略,水流前锋后的 N 浓度可考虑按稳定值处理。

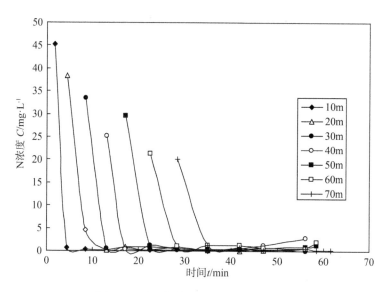

图 4.2 畦田各点 N 浓度随时间的变化

4.1.4 灌水流量对水流中尿素浓度分布的影响

对于均匀撒施尿素的情况,不同灌水量条件下畦灌地表水流中尿素浓度的分布情况如图 4.3 所示。

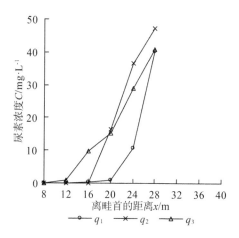

图 4.3 水流中尿素浓度沿畦长方向的分布曲线(水流前锋推进至 28 m 处时)

由图可以看出，当水流前锋推进到距离畦首 28 m 处时各流量下尿素浓度沿畦长方向的分布之间存在一定的差异。单宽流量越大，水流前锋处的尿素浓度越高，表明单宽流量对水流中尿素分布的影响较为显著；流量越小，水流推进越慢，尿素在被水流推移过程中垂直下渗所占的比例越大；流量越大，被推往畦尾的尿素颗粒越多。此外还可以看出，单宽流量为 $q_1 = 3.2\ \mathrm{L \cdot m^{-1} \cdot s^{-1}}$ 的畦田各点的尿素浓度均较低，单宽流量为 $q_2 = 4.6\ \mathrm{L \cdot m^{-1} \cdot s^{-1}}$ 的畦田尿素浓度分布呈现前低后高的特点，单宽流量为 $q_3 = 7.1\ \mathrm{L \cdot m^{-1} \cdot s^{-1}}$ 的畦田尿素浓度分布较 q_2 情况下来的缓些。

4.1.5　水流前锋处氮素浓度沿畦长方向的变化

地面灌溉过程中影响肥料的分布因素有很多，一般在可控因素中灌水流量和施肥量对其影响较为显著。其中灌水流量对肥料的分布影响已有不少研究，所以本书将重点分析在沿程变量施肥条件下尿素沿畦长方向的分布规律以及施肥成数对尿素分布的影响。图 4.4～4.6 为在不同施肥处理条件下地表水流中水流前锋处氮素浓度沿畦长方向的分布。

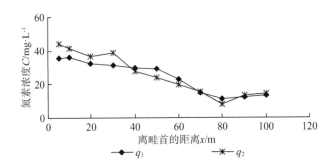

图 4.4　十成施肥时水流前锋处氮素浓度沿畦长方向的分布

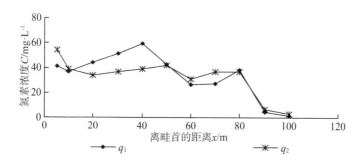

图 4.5 八成施肥时水流前锋处氮素浓度沿畦长方向的分布

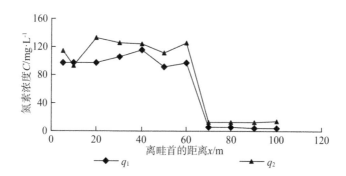

图 4.6 六成施肥时水流前锋处氮素浓度沿畦长方向的分布

由图可以看出，在相同的施肥成数条件下，地表水流中水流前锋处氮素浓度沿畦长方向上的分布具有相似性。满成施肥条件下，畦田水流前锋处氮素浓度在整个畦田上的变化比较均匀，而在八成施肥和六成施肥条件下，畦田的水流前锋处氮素浓度值在整个畦田上变动幅度比较大。

4.1.6 地表水流氮素浓度随入渗时间的变化规律及其模型构建

（1）氮素浓度随入渗时间的变化规律

利用实验测定的氮素浓度数据资料，绘制畦田各观测点（离畦首距离为 1 m、10 m、20 m、30 m、40 m、50 m、60 m 和 70 m）氮素浓度 C 值与该点入渗时间 t 之间的关系曲线图，如图 4.7 所示。

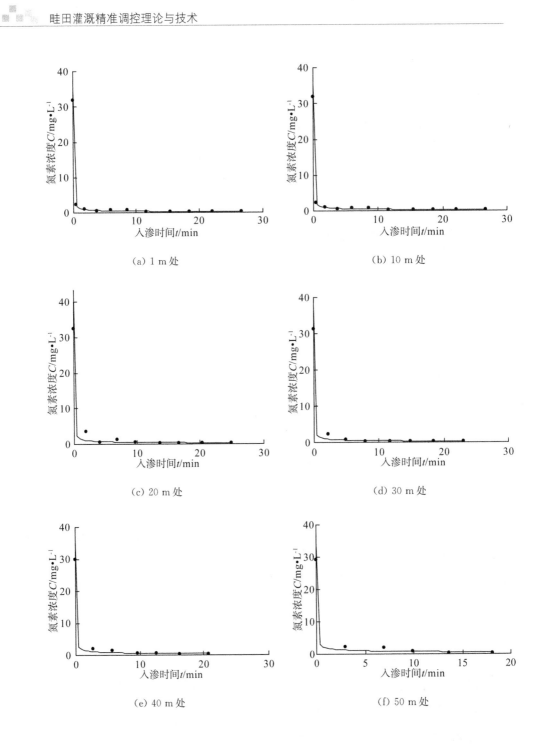

(a) 1 m 处

(b) 10 m 处

(c) 20 m 处

(d) 30 m 处

(e) 40 m 处

(f) 50 m 处

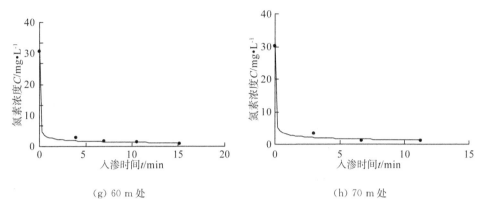

（g）60 m 处　　　　　　　　　　　　（h）70 m 处

图 4.7　2 号畦各观测点处氮素浓度随入渗时间的变化

（2）氮素浓度随入渗时间的变化方程

根据畦田各观测点处氮素浓度随入渗时间的变化规律，分别用指数模型和幂函数模型对各观测点处氮素浓度随入渗时间的变化过程进行拟合。通过拟合可以得出，幂函数能够很好地反映地表水流氮素浓度随入渗时间的变化过程。因此，用幂函数进行曲线拟合，得出地表水流中氮素浓度随入渗时间的幂函数变化方程

$$C = \mu \cdot t^{\lambda} \tag{4.1}$$

式中：C 为氮素浓度值，mg/L；t 为入渗时间，min；μ 为氮素浓度变化系数，无量纲；λ 为氮素浓度变化指数，无量纲。

4.2　肥料入渗量估算模型

灌水完成后土壤中氮素的增加主要来源于灌水过程中施入的氮量，灌水后进行灌水施肥质量评价时，常规方法是在灌水完成后进行取土化验，测定水肥含量。当试验区域较小时，取土化验这种常规方法可以满足实验精度要求，而且需要的工作量也适中；但是如果试验区域较大，为了提高试验的可靠性和精确度，我们通常需要加大取样数量，这样就增大了试验的工作量，采用常规方法

势必会大大影响试验的进度和试验效果。本书将通过建立地表水流中尿素入渗量估算模型来解决这一问题。

4.2.1 氮素入渗量估算方程的建立

地表水流中氮素入渗量估算模型是将已建立的地表水流氮素浓度随入渗时间的变化模型和 Kostiakov 入渗模型联合建立起来的。

畦田单位时间上氮素入渗率方程可表示为

$$f_i = C_i \cdot i_i \tag{4.2}$$

式中：f_i 为畦田上某观测点单位时间入渗的氮素量，g；C_i 为畦田上某观测点地表水流氮素浓度，mg/L；i_i 为入渗率，即畦田上某观测点单位面积上的入渗量，mm/min。

其中，由地表水流氮素浓度随入渗时间的变化方程可得畦田中任一点处的氮素浓度变化方程，即

$$C_i = \mu \cdot t_i^{\lambda} \tag{4.3}$$

式中：C_i 为某观测点入渗 t_i 时刻时对应的氮素浓度，mg/L；t_i 为某观测点的入渗时间，min；μ 为某观测点氮素浓度变化系数，无量纲；λ 为某观测点氮素浓度变化指数，无量纲。

由 Kostiakov 累积入渗量两边求导可得畦田任一点处的入渗率，即单位时间水分入渗量

$$i_i = k \cdot \alpha \cdot t_i^{\alpha-1} \tag{4.4}$$

式中：i_i 为畦田某观测点单位面积上的入渗量，mm/min；t_i 为某观测点的入渗时间，min；k 为入渗系数，mm/min$^{\alpha}$；α 为入渗指数，无量纲。

将式(4.3)和式(4.4)代入式(4.2)可得畦田任一点处氮素入渗率方程的具体表达式，即

$$\begin{aligned} f_i &= C_i \cdot i_i = \mu \cdot t_i^{\lambda} \cdot k \cdot \alpha \cdot t_i^{\alpha-1} \\ &= \mu \cdot \alpha \cdot k \cdot t_i^{\lambda+\alpha-1} \end{aligned} \tag{4.5}$$

由地表水流中肥料随水入渗量估算方程可得,肥料随水入渗量估算方程是入渗时间 t_i 的函数,计算肥料入渗量的关键是确定观测点的入渗时间。在灌水时间内,一点的尿素浓度值会随着水深的变化而变化,将畦灌水流推进到观测点的时刻作为下边界条件,即 $t=0$ 作为下边界条件,表示该点入渗开始;将入渗完成作为上边界条件,田面无水层存在即表明入渗完成,从入渗开始到完成入渗这个时间就是该观测点的入渗历时,用 T_s 表示,即 $t=T_s$ 作为上边界条件;一点的入渗历时 T_s 等于该点的消退时间减去畦田水流推到该观测点的时间,min。

4.2.2　氮素入渗量的计算

对式(4.5)两边同时积分即可得出畦田上任一观测点随水一起渗入土壤中的肥料量,即

$$
\begin{aligned}
F_i &= \int_0^{T_S} f_i \, dt \\
&= \int_0^{T_S} \mu \cdot \alpha \cdot k \cdot t_i^{\lambda+\alpha-1} \, dt \\
&= \frac{\mu \cdot \alpha \cdot k}{\alpha+\lambda} t^{\lambda+\alpha} \Big|_0^{T_S} \\
&= \frac{\mu \cdot \alpha \cdot k}{\alpha+\lambda} T_S^{\alpha+\lambda}
\end{aligned}
\tag{4.6}
$$

式中:F_i 为畦田上任一点随水入渗的肥料量,g;T_S 为某观测点处的入渗历时,min;k 为入渗系数,mm·min$^{-\alpha}$;α 为入渗指数,无量纲;μ 和 λ 为地表水流尿素浓度变化参数。

在计算畦田上某点的入渗肥料量时,只需知道该点的入渗历时 T_S、尿素浓度变化系数 μ 和变化指数 λ,并将其代入公式(4.6)即可。其中,入渗历时 T_S 由田间水流推进消退资料可以直接算出;尿素浓度变化系数 μ 和变化指数 λ 可通过对畦田尿素浓度随入渗时间的变化过程进行拟合求得。

4.2.3 氮素入渗量估算模型的验证

根据现有的田间灌水试验资料,选取剩余的 8 号畦、14 号畦和 17 号畦 3 条畦田来进行肥料入渗量模型的验证。

利用肥料随水入渗量估算模型计算 8 号畦、14 号畦和 17 号畦离畦首距离为 1 m、10 m、20 m、30 m、40 m、50 m 和 60 m 处的氮素含量,与试验所测定的氮素含量相比较,计算其相对误差,如表 4.2 和图 4.8 所示。

表 4.2　基于估算模型的氮素含量及其相对误差

离畦首距离 x/m	8 号畦			14 号畦			17 号畦		
	$F_{实}$/g	$F_{估}$/g	相对误差/%	$F_{实}$/g	$F_{估}$/g	相对误差/%	$F_{实}$/g	$F_{估}$/g	相对误差/%
1	192.18	169.75	11.67	172.43	144.37	16.27	220.49	178.65	18.98
10	224.49	201.65	10.18	250.28	222.64	11.04	178.19	186.02	4.40
20	236.69	209.18	11.62	206.77	211.38	2.23	222.47	200.98	9.66
30	256.20	224.09	12.53	260.99	231.44	11.32	178.24	200.09	12.26
40	233.04	217.05	6.86	199.04	230.75	15.93	204.23	210.85	3.24
50	198.38	210.46	6.09	250.91	237.77	5.24	258.23	233.40	9.62
60	246.72	221.76	10.12	264.64	229.87	13.14	223.25	239.35	7.21
平均值	226.81	207.71	9.87	229.29	215.46	10.74	212.16	207.05	9.34

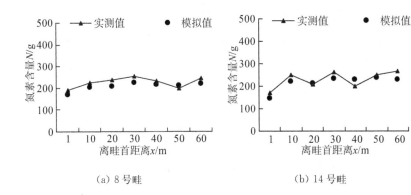

(a) 8 号畦　　　　　　　　　(b) 14 号畦

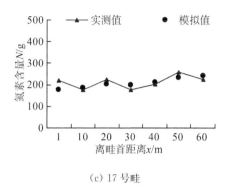

（c）17 号畦

图 4.8　基于估算模型的各观测点氮素含量模拟值与实测值的拟合

由表 4.2 和图 4.8 可以得出，8 号畦各观测点氮素含量的相对误差值在 6.09%～12.53%，平均为 9.87%；14 号畦各观测点氮素含量的相对误差值在 2.23%～16.27%，平均为 10.74%；17 号畦各观测点氮素含量的相对误差值在 3.24%～18.98%，平均为 9.34%。结果表明，基于地表水流中肥料随灌溉水流入渗量估算模型估算的各观测点处氮素浓度模拟值与实测值间的拟合程度较好。由此得出，地表水流中肥料随水入渗量估算模型能够很好地估算出地表任一点处的肥料入渗量。

4.3　畦灌地表水流溶质运动数值模拟

畦灌田面水流运动属于透水地面上的明渠非恒定流，根据田面水流运动的特点，尿素表施畦灌条件下，地表水流速度场在沿畦长任意垂向断面上可视为均布状态。利用零惯量数学模型对地表水流运动的全过程进行描述，在确定模型相关输入参数的前提下，最后采用地面灌溉数值模型进行地表水流运动数值模拟。

借助于地表水流运动模拟结果提供必要的基础流场条件下，利用对流—弥散方程来描述地表水流溶质运移过程。而关于对流—弥散方程的定解问题，只有简单的几何边界条件和常系数时，可以求得其解析解，但是在实际问题中，由于客观条件的限制，一般来说，解析解的求解很困难，只能通过一定的数值方法来求得满足一定精度要求的近似解和数值解。对于数值求解的方法,主要有有限差分法、有限元法和特征线法,每种数值方法在求解对流—弥散偏微分方程时,都存在差分格式的收敛性及稳定性的问题,所以合理的网格剖分是数值求解准确性和可行性的前提。利用有限差分法中的显式差分格式进行数值求解,通过田间实测数据对所求的数值解进行验证,最终为畦灌施肥技术要素设计提供合理可行的模型工具与有效的数值解法。

4.3.1 畦灌地表水流中溶质运动模型

对于条形畦田,由于其横向与垂向的长度远小于纵向的长度,因此其水流中的溶质运移问题可概化为沿着水流方向的一维溶质运移问题,基于上述地表水流运动模拟结果,提供必要基础流场的条件下,利用对流-弥散方程来描述地表水流溶质运移过程。

(1) 对流-弥散数学模型

一维畦灌地表溶质运移过程,其数学模型为

$$\frac{\partial C}{\partial t} = \frac{\partial}{\partial x}\left(D\frac{\partial C}{\partial x}\right) - \frac{\partial(uC)}{\partial x} \qquad 0 < x < L, 0 < t \leqslant T \qquad (4.7)$$

式中:C 为溶质质量浓度,mg·L^{-1};t 为时间,min;u 为断面平均流速,m·s^{-1};x 为纵向距离,m;D 为纵向弥散系数,m^2·s^{-1};L 为畦田总长,m;T 为灌水持续时间,min。

(2) 模型定解条件

初始条件($t=0$):由于尿素撒施于地表,按理想状态分析,沿畦长任一断面的初始地表溶质浓度为无穷大。如果假设在地表存在一个很薄的初始水层,根据大田灌水施肥实际情况,认为该水层内的溶质浓度为常温下尿素的饱和溶解度,那么初始溶质浓度分布为

$$C(x,t_0) = \mu C_0 \qquad 0 \leqslant x \leqslant L \qquad (4.8)$$

式中:μ 为修正系数,与温度有关,无量纲;C_0 为氮素的初始浓度,g·L^{-1};x 为畦长,m;t_0 为初始时刻,min;其余符号同前。

边界条件($0 \leqslant t \leqslant T$)：对于尿素表施条件下的灌溉，畦首和畦尾分别作为上下边界，其边界条件均由第三类边界条件确定，即已知溶质通量，使用边界条件直接差分获得。

畦首边界条件：

$$\frac{\partial}{\partial x}\left(D\,\frac{\partial C}{\partial x}\right) - \frac{\partial (uC)}{\partial x}\bigg|_{x=0} = q_0 \qquad x_0 = 0 \tag{4.9}$$

畦尾边界条件：

$$\frac{\partial}{\partial x}\left(D\,\frac{\partial C}{\partial x}\right) - \frac{\partial (uC)}{\partial x}\bigg|_{x=L} = q_L \qquad x_l = L \tag{4.10}$$

式中：q_0、q_L 分别为畦首和畦尾给定的溶质通量边界条件，其余符号同前。

4.3.2 畦灌地表水流中溶质运动数值模拟

4.3.2.1 对流-弥散模型的数值求解

由于对流-弥散模型为偏微分方程，求其解析解很困难，所以当前最为有效的办法是采用数值计算的方法。利用有限差分法进行数值求解，最后通过田间实测数据对所构建的数值模型进行试验验证，为畦灌施肥技术要素设计提供合理可行的模型工具。

（1）网格剖分

用有限差分法求解偏微分方程时，必须把连续问题离散化，即用适当的差商代替微分方程中出现的微商，从而把解微分方程定解问题转化为解代数方程问题。为此首先要对求解区域作网格剖分。将求解区域 G：$0 < x < L$，$0 < t \leqslant T$ 用两组平行于坐标轴的直线分成矩形网格（见图 4.9），其交点称为节点。

空间步长记为 Δx，时间步长记为 Δt，这样两组网格线可以写为 $x = x_i = i\Delta x$，$i = 0, 1, 2, \cdots, n-1, n$；$t = t_j = j\Delta t$，$j = 0, 1, 2, \cdots, m-1, m$。

式中：$\Delta x = h = \dfrac{L}{n}$，$\Delta t = \tau = \dfrac{T}{m}$。网格节点 (x_i, t_j) 记为 (i, j)。

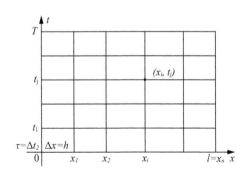

图 4.9　时空网格剖分示意图

（2）差分方程的建立

记 $C(x_i, t_j) = C_i^j$，在节点 (i, j) 处微商和差商之间有如下关系：

$$\left(\frac{\partial c}{\partial x}\right)\Big|_{(i,j)} = \frac{C(x_{i+1}, t_j) - C(x_{i-1}, t_j)}{2\Delta x} + o(\Delta x^2) = \frac{C_{i+1}^j - C_{i-1}^j}{2\Delta x} + o(\Delta x^2)$$

$$(4.11)$$

$$\frac{\partial^2 c}{\partial x^2}\Big|_{(i,j)} = \frac{C(x_{i+1}, t_j) - 2C(x_i, t_j) + C(x_{i-1}, t_j)}{\Delta x^2} + o(\Delta x^2)$$

$$(4.12)$$

$$= \frac{C_{i+1}^j - 2C_i^j + C_{i-1}^j}{\Delta x^2} + o(\Delta x^2)$$

$$\frac{\partial c}{\partial t}\Big|_{(i,j)} = \frac{C(x_i, t_{j+1}) - C(x_i, t_j)}{\Delta t} + o(\Delta t) = \frac{C_i^{j+1} - C_i^j}{\Delta t} + o(\Delta t)$$

$$(4.13)$$

将式（4.11）～（4.13）去掉截断误差，并代入到方程（4.7）中，便有

$$\frac{C_i^{j+1} - C_i^j}{\Delta t} = D\frac{C_{i+1}^j - 2C_i^j + C_{i-1}^j}{\Delta x^2} - u\frac{C_{i+1}^j - C_{i-1}^j}{2\Delta x}$$

$$(4.14)$$

式中：$i = 1, 2, \cdots, n-1, n$；$j = 1, 2, \cdots, m-1, m$。

（3）求解差分方程

为了便于求解，把差分方程（4.14）化简，合并同类项为

$$\frac{C_i^{j+1} - C_i^j}{\Delta t} = D\frac{C_{i+1}^j - 2C_i^j + C_{i-1}^j}{\Delta x^2} - u\frac{C_{i+1}^j - C_{i-1}^j}{2\Delta x}$$

$$\Rightarrow C_i^{j+1} - C_i^j = \frac{D\Delta t}{\Delta x^2}(C_{i+1}^j - 2C_i^j + C_{i-1}^j) - \frac{u\Delta t}{2\Delta x}(C_{i+1}^j - C_{i-1}^j)$$

$$\Rightarrow C_i^{j+1} = \left(\frac{D\Delta t}{\Delta x^2} + \frac{u\Delta t}{2\Delta x}\right)C_{i-1}^j + \left(1 - 2\frac{D\Delta t}{\Delta x^2}\right)C_i^j + \left(\frac{D\Delta t}{\Delta x^2} - \frac{u\Delta t}{2\Delta x}\right)C_{i+1}^j$$

令 $r = \dfrac{D\Delta t}{\Delta x^2}, \delta = \dfrac{u\Delta t}{2\Delta x}$,那么差分方程(4.14)整理为如下形式

$$C_i^{j+1} = (r+\delta)C_{i-1}^j + (1-2r)C_i^j + (r-\delta)C_{i+1}^j \tag{4.15}$$

由差分方程(4.15)可见,第 $j+1$ 层上的任一节点 $(i,j+1)$ 上的值 C_i^{j+1} ,可以由第 j 层上的三个相邻节点 $(i+1,j)$, (i,j) , $(i-1,j)$ 上的值 C_{i+1}^j , C_i^j , C_{i-1}^j 唯一确定,如图4.10所示。由初始条件和边界条件可算出第一层,第一层算出后,可以计算第二层各节点的浓度值 C_i^2 ,以此类推。

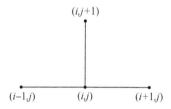

图4.10 浓度计算示意图

(4) 差分格式的收敛性及稳定性

若当时间步长 Δt 和空间步长 Δx 无限缩小时,差分格式的解无限逼近到微分方程定解问题的解,则称差分格式是收敛的。从差分格式收敛的定义可见,如果差分格式收敛,那么差分格式的解 C_i^j 就能很好地逼近微分方程定解问题的解,即在相应节点上的值 $C(x_i, t_j)$ 。

严格来说,数值稳定性的概念仅适用于可推进求解的问题。利用有限差分格式进行数值计算时是按时间层逐层推进的,如果考虑两层差分格式,那么计算第 $j+1$ 层的值 C_i^{j+1} 时,要用第 j 层上计算出来的值 C_{i+1}^j , C_i^j , C_{i-1}^j ,而计算

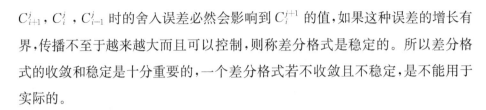

C_{i+1}^{j}，C_i^j，C_{i-1}^j 时的舍入误差必然会影响到 C_i^{j+1} 的值，如果这种误差的增长有界，传播不至于越来越大而且可以控制，则称差分格式是稳定的。所以差分格式的收敛和稳定是十分重要的，一个差分格式若不收敛且不稳定，是不能用于实际的。

4.3.2.2 对流-弥散模型参数确定

（1）初始溶质浓度

根据在河北沧州南皮双庙育种农场进行的冬小麦畦灌灌水试验资料可知，使用含氮量42%的尿素，那么容易计算出实际化肥中纯尿素的质量分数为90%，而在常温下（20℃）纯尿素的饱和溶解度为 1 050 g·L^{-1}，试验时当地实测温度为 12℃，通过查阅其溶解度—温度关系曲线计算得到修正系数 $\mu =$ 0.80，而尿素的分子量为 60，那么换算成氮素的浓度为 352.80 g·L^{-1}。测得清水样中的氮浓度远低于各测点水样氮浓度，因此认为灌溉水流中不含氮素。由此可知，初始溶质浓度全部来自撒施尿素，即初始氮浓度为 $C_0 = 352.80$ g·L^{-1}。

（2）纵向流速

利用 2011 年 4 月在河北沧州南皮双庙育种农场进行的冬小麦畦灌灌水试验资料，选取 4 条不同灌水技术要素组合的畦田来进行地表水流溶质运动数值模拟。根据地表水流推进时间 t、改水成数 G 和畦长 L 等参数，假定地表水流流态为匀速，那么其纵向流速计算如表 4.3 所示。

表 4.3　纵向流速计算成果表

试验编号	1	2	3	4
纵向流速 u/m·min^{-1}	2.10	2.02	2.99	3.98

（3）地表水流溶质运移弥散系数

地表水流溶质运移参数是指沿着水流方向的弥散系数 D。而弥散系数 D 为机械弥散系数 K 和分子自由扩散系数 ε 之和，根据经验 ε 取值为 0.001 5 cm^2·min^{-1}。而 K 用以下公式计算：

$$K = \frac{C_e}{C_d} n \sqrt{g} h^{5/6} u \qquad (4.16)$$

式中：C_e 为无量纲常数；h 为田面水深，m；u 为流速，m·min^{-1}；n 为糙率；g 为重力加速度，m·s^{-2}；C_d 为常数，m$^{0.5}$·min^{-1}；研究显示，对于大多数畦灌，C_d 为 $60(\mathrm{m}^{0.5} \cdot \mathrm{min}^{-1})$，而 C_e 一般取值为 4。从公式可以看出，弥散系数 D 是地表水深 h 的函数，理论上不同的地表水深对应不同的弥散系数，根据大田实测地表水深，计算出一系列弥散度，但是溶质在水流中的运动可视为沿着水流方向以水流速度 u 运动的动坐标系中的纯弥散问题，因此对其求均值即可，视为定值。根据数值计算条件要求，那么所需模拟相关畦田的弥散系数计算结果如表 4.4 所示。

表 4.4　弥散系数计算成果表

试验编号	1	2	3	4
弥散系数 $D/\mathrm{m}^2 \cdot \mathrm{min}^{-1}$	0.482 8	0.457 8	0.614 4	0.806 8

（4）时间步长与空间步长

根据有限显式差分格式收敛性和稳定性的要求，要使式（4.11）～（4.13）是收敛而且是稳定的，那么 $\Delta t < \dfrac{\Delta x^2}{2D}$，$\Delta x < \dfrac{2D}{u}$，根据上述计算所得相关参数，设置时间步长 Δt 取 0.02 min，空间步长 Δx 取 0.25 m。

4.3.2.3　对流—弥散模型的数值模拟与结果分析

（1）数值模拟

畦灌试验数值模拟，计算区域畦长为 100 m，时间步长为 0.02 min，空间步长 Δx 为 0.25 m，在灌水时间内，畦首和其畦尾边界条件是根据第三类边界条件即已知溶质通量的条件，通过差分法直接求得。当停止灌水后，畦首和畦尾边界条件则是入畦流量与溶质通量同时为零，数值模拟的初始条件是沿畦长均匀撒施于地表的尿素态氮含量。

地表水流溶质运移过程模拟效果评价是利用畦灌地表水流尿素态氮浓度实测结果与模拟值之间的平均相对残差 MRR[215] 来评价的，评价函数表达

式为

$$MRR = \frac{1}{N} \sum_{i=1}^{N} \frac{|C_{m_i} - C_{mp_i}|}{C_{m_i}} \times 100\%$$ (4.17)

式中：C_{m_i} 为实测数据，$mg \cdot L^{-1}$；C_{mp_i} 为模拟值，$mg \cdot L^{-1}$；N 为观测节点个数。

为验证数值求解的正确性，利用 2011 年 4 月在河北沧州南皮双庙育种农场进行的冬小麦畦灌灌水试验资料，结合地表水流运动模拟 4 条畦田所提供的流场条件，来进行地表水流溶质运移数值模拟。图 4.11、图 4.12、图 4.13 和图 4.14 分别显示了试验 1、试验 2、试验 3 和试验 4 在距离畦首 5 m、10 m、20 m、30 m、40 m、50 m、60 m 和 70 m 处各点的溶质浓度模拟数据及其对应的实测数据。

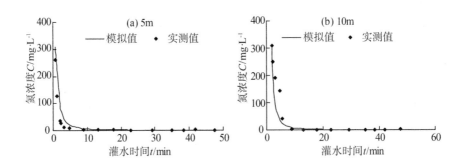

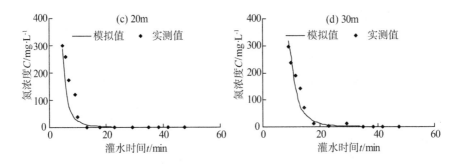

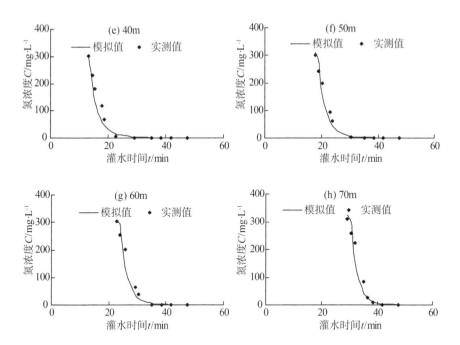

图 4.11 试验 1 各控制点实测与模拟的田面水流中溶质浓度随时间变化过程

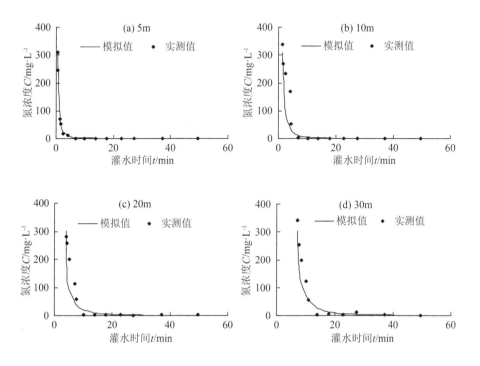

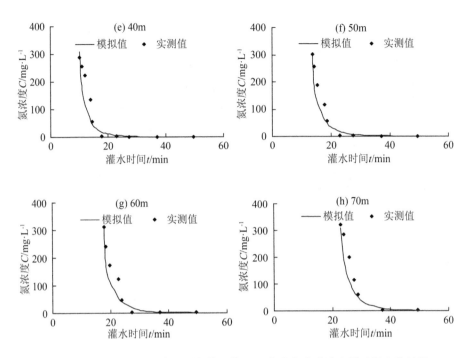

图 4.12　试验 2 各控制点实测与模拟的田面水流中溶质浓度随时间变化过程

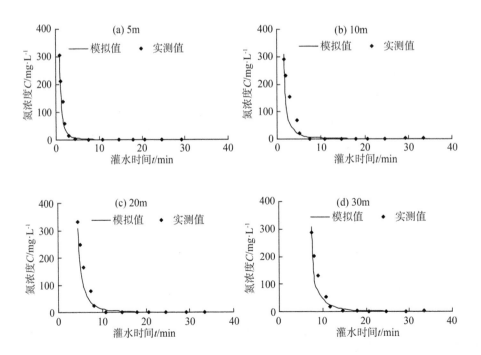

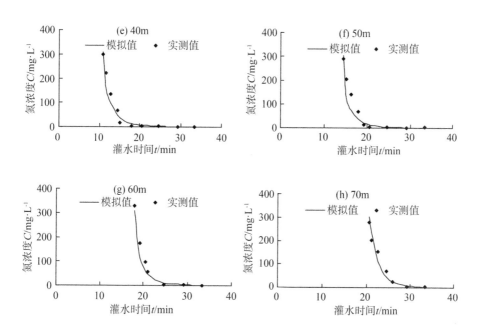

图 4.13　试验 3 各控制点实测与模拟的田面水流中溶质浓度随时间变化过程

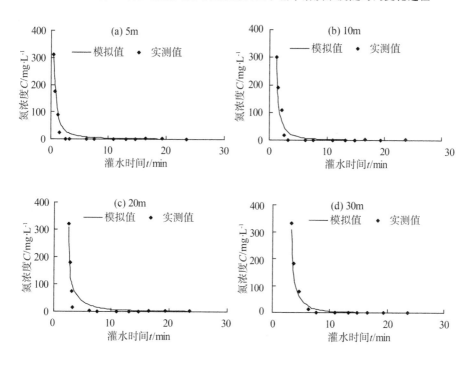

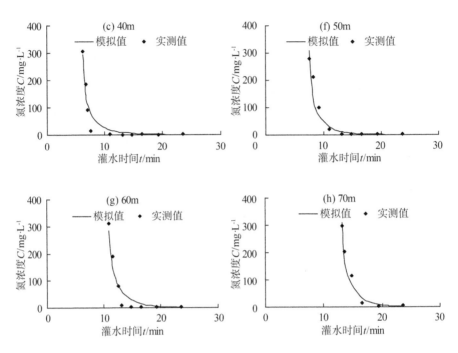

图 4.14 试验 4 各控制点实测与模拟的田面水流中溶质浓度随时间变化过程

（2）结果分析

①图 4.11 是单宽流量为 3.17 L·s⁻¹·m⁻¹，改水成数为 0.85 条件下各控制点实测与模拟的田面水流中溶质浓度随时间变化过程；图 4.12 和图 4.13 是单宽流量均为 4.71 L·s⁻¹·m⁻¹，改水成数分别为 0.80 和 0.90 条件下各控制点实测与模拟的田面水流中溶质浓度随时间变化过程；图 4.14 是单宽流量均为 8.50 L·s⁻¹·m⁻¹，改水成数为 0.75 条件下各控制点实测与模拟的田面水流中溶质浓度随时间变化过程。从图中可以得出，在每个控制点取样伊始，在水流前锋处，由于地表水层较薄，所以导致地表水流中氮浓度初始值相对较高，随着灌水时间的持续，地表水深不断增加，氮浓度逐渐下降，加之肥料开始对流和扩散，随水下渗等共同作用，氮浓度在短时间内会迅速下降，最后趋于稳定。

②不同的单宽流量，流速不同，弥散度也不同。单宽流量大的，流速较大，弥散度相对也较大。从上图各控制点氮浓度随时间的变化曲线可以看出，弥散

度大的曲线斜率较大,即从浓度峰值下降到稳定值所需时间较短。相反,弥散度较小的,从浓度峰值下降到稳定值所需时间相对较长,这一模拟趋势与实测结果基本吻合,说明数值模拟效果较好。

③对于同一畦田来说,不同控制点的氮浓度随时间变化趋势不同。对于离畦首较近处,氮浓度从峰值下降到稳定值的用时最短,这是由于离畦首较近,其源源不断的来水很快就会稀释氮素,使之在短时间内迅速从浓度峰值落到稳定值,加之离畦首较近处水流紊动较大,冲刷较大,所以就会造成这一结果。而对于离畦首较远处,氮浓度下降趋势趋于缓和,这是由于此处离畦首较远,水流流速稳定,紊动效果不明显,也不会导致冲刷造成的。从图中可以看出,离畦首较远处,模拟值和实测值拟合程度较好于近者,这是由于实际的流场环境与数值模拟的理想环境比较吻合,在一定程度上具有很大同步性。

④模拟值和实测值的吻合程度用平均相对残差 MRR 来衡量,试验 1、2、3 和 4 在不同控制点的平均相对残差取值范围分别为 6.22%~11.31%、7.11%~12.20%、7.78%~12.87% 和 8.53%~13.62%。同一畦田,MRR 随控制点距离增加呈下降趋势,可能是由于畦田上游水流紊动以及横向扩散状况较为复杂而下游水流相对平稳。对于同一控制点,单宽流量较大者 MRR 相对较大,可能是由于较大的单宽流量致使畦内流速增大,水流紊动明显,对流—弥散作用显著。

⑤从上图可以看出,从浓度峰值下降到稳定值这一曲线锋面上,浓度变化范围很大,虽已加密取点,实测数据能够反映浓度的急剧变化过程,但是要更好地捕捉水流前锋处氮浓度变化趋势,实测取点相对来说还是较少,因此在该段时间内需要更加紧致地加密取点,以便更真实地反映锋面变化规律。

综上所述,用对流—弥散数学模型描述畦灌地表水流中溶质运动,用显格式有限差分法来进行数值模拟计算,通过实测和模拟的氮浓度曲线对比可知,单宽流量较小,离畦首较远的控制点实测和模拟的吻合程度较高,而单宽流量较大,离畦首较近的控制点二者吻合程度相对来说较低。从相对残差结果分析,整体模拟的吻合程度较为理想。在水流前锋处,需要更加紧致地加密取点,以便更真实客观地反映锋面变化规律。因此,用对流—弥散数学模型来描述地表水流中溶质运动是合理可行的,用显式差分法进行数值模拟稳定性和收敛性较好,同时,畦灌地表水流中溶质运动模拟为灌水施肥技术要素设计提供了一定的理论基础和技术支持。

4.4 施肥技术要素设计

在不同灌水技术要素最优组合方案的基础上,参照生产实践试验,调整各施肥技术要素的取值范围,然后进行施肥方案设计,得到不同的畦灌施肥方案。对各施肥方案利用对流—弥散数学模型及其数值解法进行计算,得到不同控制点氮素浓度随入渗时间的变化方程,用幂函数变化模型拟合畦田不同控制点处氮素浓度随入渗时间的变化过程,得到畦田各控制点处的变化系数 μ 和变化指数 λ 的值,再根据肥料随水入渗量估算模型来求得其模拟值,最后将施肥效率和施肥均匀度作为施肥质量评价目标函数,根据目标函数求解结果,选取施肥质量最高的一组施肥方案为较优方案,相应的施肥技术要素组合为最佳组合。

4.4.1 施肥质量评价目标函数

施肥均匀度反映肥料在田间随水入渗分布的均匀程度,采用如下公式计算:

$$EF_d = \left(1 - \frac{\overline{\Delta F}}{F}\right) \times 100\% \tag{4.18}$$

式中:EF_d 为施肥均匀度,无量纲;F 为施肥后根系层土壤平均尿素含量,g;$\overline{\Delta F}$ 为施肥后沿畦长方向根系层土壤各点实际尿素含量与根系层平均尿素含量离差绝对值的平均数,g。

4.4.2 施肥方案试验设计及模拟参数确定

施肥方案的试验设计是建立在最佳灌水技术要素组合设计的基础上来布置的。但是在计算其施肥质量评价目标函数、施肥效率和施肥均匀度时,需要做大量的基础性工作。首先需要数值模拟地表水流中氮浓度随入渗时间的变化过程;其次根据二者之间的函数关系求得其变化参数;最后,利用肥料随水入渗量估算模型求得其模拟值来进行施肥质量评价计算。

(1)施肥方案试验设计

在施肥方案试验设计中,主要涉及两个试验因素,即施肥成数 S 和施肥定额 M。对于沧州地区冬小麦返青期,根据当地经验、冬小麦需肥量和传统施法来确定参数取值范围,可知施肥定额是 20 kg · 亩$^{-1}$,为常数,而对于施肥成数,其合理取值范围为 $0.7 \sim 1.0$。根据上述分析,其施肥方案试验设计如表4.5所示。

表 4.5 施肥方案技术要素组合设计

方案编号	畦长 L /m	单宽流量 q /L · m^{-1} · s^{-1}	改水成数 G	施肥定额 M/kg · 亩$^{-1}$	施肥成数 S
1					0.7
2					0.8
3	60	4.0	0.80	20	0.9
4					1.0
5					0.7
6					0.8
7	70	4.0	0.85	20	0.9
8					1.0
9					0.7
10					0.8
11	80	5.0	0.80	20	0.9
12					1.0

方案编号	畦长 L /m	单宽流量 q /L·m^{-1}·s^{-1}	改水成数 G	施肥定额 M/kg·亩$^{-1}$	施肥成数 S
13					0.7
14	90	5.0	0.85	20	0.8
15					0.9
16					1.0
17					0.7
18	100	6.0	0.85	20	0.8
19					0.9
20					1.0
21					0.7
22	110	6.0	0.85	20	0.8
23					0.9
24					1.0
25					0.7
26	120	6.0	0.85	20	0.8
27					0.9
28					1.0

（2）数值模拟及氮素浓度随入渗时间变化参数求解

对于地表水流溶质运动的数值模拟，最为关键的输入参数是流速和弥散度。根据前述计算结果分析可知，流速与单宽流量、弥散度之间的关系均较为显著，因此研究根据前述单宽流量和流速的数据拟合二者之间的函数关系，来求解其流速和弥散度。

在模型输入参数确定的前提下，根据表4.5中各施肥方案技术要素组合，结合"畦灌地表水流溶质运动模拟"理论来进行数值求解，得到各控制点氮浓度和入渗时间的值，利用幂函数变化模型（$C = \mu \cdot t^{\lambda}$）来拟合各控制点氮浓度随入渗时间的变化过程，得到畦田各控制点处的变化系数 μ 值和变化指数 λ 值。根据上述求解过程，各施肥方案的变化参数具体计算结果见表4.6至表4.19。

表 4.6 各施肥方案在不同控制点处氮浓度变化系数 μ 值(畦长 60 m)

方案编号	单宽流量 q /L·m^{-1}·s^{-1}	施肥成数 S	离畦首距离 x /m							
			5	10	15	20	25	30	35	40
1	4.0	0.7	4.108	4.800	5.025	5.751	6.076	6.902	7.127	7.953
2	4.0	0.8	4.100	4.790	5.014	5.738	6.063	6.887	7.112	7.936
3	4.0	0.9	4.080	4.766	4.989	5.710	6.033	6.854	7.077	7.897
4	4.0	1.0	4.071	4.756	4.978	5.698	6.020	6.838	7.061	7.880

表 4.7 各施肥方案在不同控制点处氮浓度变化指数 λ 值(畦长 60 m)

方案编号	单宽流量 q /L·m^{-1}·s^{-1}	施肥成数 S	离畦首距离 x /m							
			5	10	15	20	25	30	35	40
1	4.0	0.7	−0.719	−0.717	−0.716	−0.706	−0.705	−0.703	−0.702	−0.702
2	4.0	0.8	−0.718	−0.716	−0.715	−0.704	−0.703	−0.702	−0.701	−0.700
3	4.0	0.9	−0.714	−0.712	−0.711	−0.701	−0.700	−0.698	−0.697	−0.697
4	4.0	1.0	−0.712	−0.710	−0.709	−0.698	−0.698	−0.696	−0.695	−0.695

表 4.8 各施肥方案在不同控制点处氮浓度变化系数 μ 值(畦长 70 m)

方案编号	单宽流量 q /L·m^{-1}·s^{-1}	施肥成数 S	离畦首距离 x /m								
			5	10	15	20	25	30	35	40	45
5	4.0	0.7	4.096	4.785	5.010	5.733	6.057	6.881	7.105	7.929	8.189
6	4.0	0.8	4.087	4.775	4.999	5.721	6.045	6.867	7.090	7.912	8.169
7	4.0	0.9	4.067	4.752	4.975	5.693	6.015	6.833	7.056	7.873	7.961
8	4.0	1.0	4.058	4.741	4.964	5.681	6.002	6.818	7.040	7.856	7.925

表 4.9 各施肥方案在不同控制点处氮浓度变化指数 λ 值(畦长 70 m)

方案编号	单宽流量 q /L·m^{-1}·s^{-1}	施肥成数 S	离畦首距离 x /m								
			5	10	15	20	25	30	35	40	45
5	4.0	0.7	−0.718	−0.716	−0.715	−0.704	−0.703	−0.702	−0.701	−0.700	−0.700
6	4.0	0.8	−0.716	−0.715	−0.714	−0.703	−0.702	−0.700	−0.700	−0.699	−0.688

方案编号	单宽流量 q /L·m^{-1}·s^{-1}	施肥成数 S	离畦首距离 x /m								
			5	10	15	20	25	30	35	40	45
7	4.0	0.9	−0.713	−0.711	−0.710	−0.699	−0.698	−0.697	−0.696	−0.695	−0.668
8	4.0	1.0	−0.711	−0.709	−0.708	−0.697	−0.696	−0.695	−0.694	−0.693	−0.643

表 4.10　各施肥方案在不同控制点处氮浓度变化系数 μ 值(畦长 80 m)

方案编号	单宽流量 q /L·m^{-1}·s^{-1}	施肥成数 S	离畦首距离 x /m						
			5	10	20	30	40	50	55
9	5.0	0.7	4.088	4.776	5.722	6.867	7.913	8.173	8.432
10	5.0	0.8	4.079	4.766	5.710	6.853	7.896	8.153	8.409
11	5.0	0.9	4.059	4.742	5.682	6.819	7.858	7.945	8.386
12	5.0	1.0	4.050	4.732	5.669	6.804	7.840	7.909	8.362

表 4.11　各施肥方案在不同控制点处氮浓度变化指数 λ 值(畦长 80 m)

方案编号	单宽流量 q /L·m^{-1}·s^{-1}	施肥成数 S	离畦首距离 x /m						
			5	10	20	30	40	50	55
9	5.0	0.7	−0.716	−0.715	−0.703	−0.700	−0.699	−0.698	−0.697
10	5.0	0.8	−0.715	−0.713	−0.701	−0.699	−0.698	−0.687	−0.677
11	5.0	0.9	−0.711	−0.710	−0.698	−0.695	−0.694	−0.667	−0.656
12	5.0	1.0	−0.709	−0.708	−0.696	−0.693	−0.692	−0.641	−0.635

表 4.12　各施肥方案在不同控制点处氮浓度变化系数 μ 值(畦长 90 m)

方案编号	单宽流量 q /L·m^{-1}·s^{-1}	施肥成数 S	离畦首距离 x /m						
			5	10	20	30	40	50	60
13	5.0	0.7	4.067 2	4.751 8	5.693 1	6.832 8	7.873 3	8.131 7	8.390 2
14	5.0	0.8	4.058 7	4.741 8	5.681 1	6.818 5	7.856 8	8.111 8	8.366 9
15	5.0	0.9	4.038 8	4.718 6	5.653 3	6.785 1	7.818 3	7.905 4	8.343 6
16	5.0	1.0	4.029 9	4.708 1	5.640 8	6.770 1	7.801 0	7.869 3	8.320 3

表 4.13　各施肥方案在不同控制点处氮浓度变化指数 λ 值(畦长 90 m)

方案编号	单宽流量 q/L·m⁻¹·s⁻¹	施肥成数 S	离畦首距离 x/m						
			5	10	20	30	40	50	60
13	5.0	0.7	−0.712 7	−0.711 0	−0.699 2	−0.696 8	−0.695 4	−0.694 7	−0.693 9
14	5.0	0.8	−0.711 2	−0.709 5	−0.697 7	−0.695 4	−0.694 0	−0.683 6	−0.673 2
15	5.0	0.9	−0.707 7	−0.706 0	−0.694 3	−0.691 9	−0.690 5	−0.663 3	−0.652 4
16	5.0	1.0	−0.705 6	−0.703 9	−0.692 2	−0.689 9	−0.688 5	−0.638 1	−0.631 7

表 4.14　各施肥方案在不同控制点处氮浓度变化系数 μ 值(畦长 100 m)

方案编号	单宽流量 q/L·m⁻¹·s⁻¹	施肥成数 S	离畦首距离 x/m						
			5	10	20	30	40	50	60	70
17	6.0	0.7	3.940 1	4.603 2	5.515 1	6.619 2	7.627 2	7.877 6	8.127 9	8.378 3
18	6.0	0.8	3.931 8	4.593 6	5.503 6	6.605 0	7.611 2	7.858 3	8.105 4	8.352 4
19	6.0	0.9	3.912 6	4.571 1	5.476 6	6.573 0	7.573 9	7.658 3	8.082 8	8.507 2
20	6.0	1.0	3.903 9	4.561 0	5.464 5	6.558 5	7.557 2	7.623 3	8.060 2	8.497 1

表 4.15　各施肥方案在不同控制点处氮浓度变化指数 λ 值(畦长 100 m)

方案编号	单宽流量 q/L·m⁻¹·s⁻¹	施肥成数 S	离畦首距离 x/m						
			5	10	20	30	40	50	60	70
17	6.0	0.7	−0.697 1	−0.695 5	−0.683 9	−0.681 6	−0.680 2	−0.679 5	−0.678 7	−0.678 0
18	6.0	0.8	−0.695 7	−0.694 0	−0.682 5	−0.680 2	−0.678 8	−0.668 6	−0.658 4	−0.648 3
19	6.0	0.9	−0.692 2	−0.690 6	−0.679 1	−0.676 8	−0.675 4	−0.648 8	−0.638 2	−0.627 6
20	6.0	1.0	−0.690 2	−0.688 5	−0.677 1	−0.674 8	−0.673 4	−0.624 1	−0.617 9	−0.611 6

表 4.16 各施肥方案在不同控制点处氮浓度变化系数 μ 值(畦长 110 m)

方案编号	单宽流量 q/L·m⁻¹·s⁻¹	施肥成数 S	离畦首距离 x/m							
			5	10	20	30	40	50	60	70	75
21	6.0	0.7	3.861 3	4.511 2	5.404 8	6.486 8	7.474 7	7.720 0	7.965 4	8.210 7	8.456 1
22	6.0	0.8	3.853 2	4.501 7	5.393 5	6.473 3	7.459 0	7.701 1	7.943 2	8.185 4	8.427 5
23	6.0	0.9	3.834 3	4.479 7	5.367 1	6.441 5	7.422 5	7.505 2	7.921 1	8.337 1	8.753 1
24	6.0	1.0	3.825 8	4.469 8	5.355 2	6.427 3	7.406 1	7.470 9	7.899 0	8.327 2	8.755 3

表 4.17 各施肥方案在不同控制点处氮浓度变化指数 λ 值(畦长 110 m)

方案编号	单宽流量 q /L· m^{-1}· s^{-1}	施肥成数 S	离畦首距离 x /m								
			5	10	20	30	40	50	60	70	75
21	6.0	0.7	−0.683 2	−0.681 6	−0.670 2	−0.668 0	−0.666 6	−0.665 9	−0.665 2	−0.664 4	−0.663 7
22	6.0	0.8	−0.681 8	−0.680 1	−0.668 8	−0.666 6	−0.665 2	−0.655 3	−0.645 3	−0.635 3	−0.625 3
23	6.0	0.9	−0.678 4	−0.676 7	−0.665 5	−0.663 2	−0.661 9	−0.635 8	−0.625 4	−0.615 0	−0.604 6
24	6.0	1.0	−0.676 4	−0.674 8	−0.663 6	−0.661 3	−0.660 0	−0.611 6	−0.605 5	−0.5 994	−0.5 932

表 4.18 各施肥方案在不同控制点处氮浓度变化系数 μ 值(畦长 120 m)

方案编号	单宽流量 q /L· m^{-1}· s^{-1}	施肥成数 S	离畦首距离 x /m								
			5	10	20	30	40	50	60	70	80
25	6.0	0.7	3.668 2	4.285 6	5.134 6	6.162 5	7.100 9	7.334 0	7.567 1	7.800 2	8.033 3
26	6.0	0.8	3.660 5	4.276 6	5.123 8	6.149 6	7.086 1	7.316 1	7.546 1	7.776 1	8.006 1
27	6.0	0.9	3.642 6	4.255 7	5.098 7	6.119 5	7.051 3	7.129 9	7.525 1	7.920 2	8.315 4
28	6.0	1.0	3.634 5	4.246 3	5.087 4	6.105 9	7.035 8	7.097 3	7.504 1	7.910 8	8.317 5

表 4.19 各施肥方案在不同控制点处氮浓度变化指数 λ 值(畦长 120 m)

方案编号	单宽流量 q /L· m^{-1}· s^{-1}	施肥成数 S	离畦首距离 x /m								
			5	10	20	30	40	50	60	70	80
25	6.0	0.7	−0.649 0	−0.647 5	−0.636 7	−0.634 6	−0.633 3	−0.632 6	−0.631 9	−0.631 2	−0.630 5
26	6.0	0.8	−0.647 7	−0.646 1	−0.635 4	−0.633 2	−0.632 0	−0.622 5	−0.613 0	−0.603 5	−0.594 1
27	6.0	0.9	−0.644 4	−0.642 9	−0.632 2	−0.630 1	−0.628 8	−0.604 0	−0.594 1	−0.584 3	−0.574 4
28	6.0	1.0	−0.642 6	−0.641 0	−0.630 4	−0.628 2	−0.627 0	−0.581 1	−0.575 2	−0.569 4	−0.563 6

4.4.3 数值模拟与施肥质量计算

在上述氮浓度变化系数 μ 和变化指数 λ 已知的基础上,结合试验基地已测定的土壤入渗参数 k 和 α,根据肥料入渗量估算模型来进行肥料入渗量估算,得到各控制点氮的入渗总量,最后利用施肥质量评价目标函数施肥均匀度对各施肥方案进行计算。

$$F = \frac{\mu \cdot \alpha \cdot k}{|\alpha + \lambda|} T_S^{\alpha + \lambda} \tag{4.19}$$

式中：F 为畦田上任一点随水入渗的肥料量，g；T_S 为某观测点处的入渗历时，min；其余符号物理意义同前。

在计算畦田上某点的入渗肥料量 $F_{估}$ 时，只需知道该点的入渗历时 T_S、尿素浓度变化系数 μ 和变化指数 λ，并将其代入公式（4.19）即可。具体计算结果如表 4.20 所示。

表 4.20　各施肥方案施肥均匀度计算成果表

方案编号	畦长 L/m	单宽流量 $q/\text{L}\cdot\text{m}^{-1}\cdot\text{s}^{-1}$	改水成数 G	施肥定额 $M/\text{kg}\cdot亩^{-1}$	施肥成数 S	F/g	$\overline{\Delta F}/\text{g}$	施肥均匀度 $EF_d/\%$
1					0.7	231.85	35.33	84.76
2	60	4.0	0.80	20	0.8	230.66	15.04	93.48
3					0.9	227.87	20.39	91.05
4					1.0	226.42	25.99	88.52
5					0.7	234.56	37.98	83.81
6	70	4.0	0.85	20	0.8	233.35	16.82	92.79
7					0.9	230.51	22.75	90.13
8					1.0	229.03	30.99	86.47
9					0.7	233.75	45.53	80.52
10	80	5.0	0.80	20	0.8	235.75	21.83	90.74
11					0.9	229.47	25.69	88.81
12					1.0	225.00	35.79	84.09
13					0.7	244.36	41.32	83.09
14	90	5.0	0.75	20	0.8	241.78	18.69	92.27
15					0.9	236.68	24.59	89.61
16					1.0	233.24	34.94	85.02
17					0.7	237.42	44.09	81.43
18	100	6.0	0.85	20	0.8	233.41	22.35	90.42
19					0.9	227.87	27.76	87.82
20					1.0	223.65	37.31	83.32

方案编号	畦长 L/m	单宽流量 q/L·m^{-1}·s^{-1}	改水成数 G	施肥定额 M/kg·亩$^{-1}$	施肥成数 S	F/g	$\overline{\Delta F}$/g	施肥均匀度 EF_d/%
21					0.7	244.90	48.56	80.17
22					0.8	240.21	28.61	88.09
23	110	6.0	0.85	20	0.9	234.15	19.13	91.83
24					1.0	229.46	38.43	83.25
25					0.7	234.46	48.37	79.37
26					0.8	229.69	29.38	87.21
27	120	6.0	0.80	20	0.9	223.23	20.29	90.91
28					1.0	218.22	38.37	82.42

根据表 4.20 中各施肥方案的施肥质量计算结果,可以看出,在畦长为 60 m 和 70 m、单宽流量为 4 L·m^{-1}·s^{-1} 的情况下,施肥成数为 0.8 时其施肥均匀度最高;在畦长为 80 m 和 90 m、单宽流量为 5 L·m^{-1}·s^{-1} 的情况下,施肥成数为 0.8 时其施肥均匀度最高;在畦长为 100～120 m、单宽流量均为 6 L·m^{-1}·s^{-1} 的情况下,施肥成数分别在 0.8 或 0.9 时,其对应的施肥均匀度最高。

第5章
基于变流量与变坡的畦灌精准调控

在畦灌地表水流运动中水流推进的动力主要是畦首水深和畦田纵坡,而影响畦首水深的最主要因素就是入畦单宽流量。在传统的畦灌灌水技术要素组合设计中,人们常将入畦单宽流量与畦田纵坡视为恒定值,这就使得人们失去了调节畦灌中水流运动的动力的手段,也局限了灌水质量的进一步提高。基于此,本书提出变化的入畦单宽流量或田面纵坡的灌水方式,为进一步提高灌水质量提供了新的途径。

5.1　畦田变流量灌水试验分析

5.1.1　田间试验

试验地点位于河北省沧州市南皮县中国科学院南皮农业生态实验站。田间试验是于 2018 年 4 月上旬结合冬小麦春灌进行的。畦田规格根据当地种植习惯设计为畦长 80 m,畦宽 3.7 m。试验设置 3 个灌水流量处理和 3 个改水成数处理。但由于试验条件的限制,田间试验不可能与试验设计完全相同,特别是入畦单宽流量部分。实际田间灌水试验的方案见表 5.1。

表 5.1　实际畦田灌水技术方案

类型	畦田编号	灌水技术要素	
		单宽流量 $q/\mathrm{L} \cdot \mathrm{s}^{-1} \cdot \mathrm{m}^{-1}$	改水成数 G
		恒定流量试验	
重点	N 东 1	3.02	0.90
重点	N 东 2	5.13	0.85
重点	N 东 3	6.40	0.80
常规	S 东 7	3.05	0.90
常规	S 东 8	5.02	0.85
常规	S 东 9	7.29	0.80

类型	畦田编号	灌水技术要素	
		单宽流量 $q/\mathrm{L \cdot s^{-1} \cdot m^{-1}}$	改水成数 G
		变流量灌水试验	
常规	N 东 4	7.53→5.51→4.47	0.25,0.50,0.80
常规	N 东 5	7.62→5.44→4.63	0.25,0.50,0.80
常规	N 东 6	6.87→4.83→4.05	0.25,0.50,0.80
典型	N 东 7	3.09→3.73→4.80	0.25,0.50,0.80
典型	N 东 8	3.11→4.12→7.16	0.25,0.50,0.80
典型	N 东 9	2.42→5.91→7.33	0.25,0.50,0.80
典型	N 东 10	2.97→4.04→8.37	0.25,0.50,0.80
典型	N 东 11	3.16→4.91→5.44	0.25,0.50,0.80
典型	N 东 12	2.93→5.22→7.14	0.25,0.50,0.80
常规	S 东 10	4.27→5.26→7.19	0.25,0.50,0.80
常规	S 东 11	4.57→5.12→7.29	0.25,0.50,0.80
常规	S 东 12	4.18→5.21→8.02	0.25,0.50,0.80

田间试验主要观测项目包括：土壤密度、畦田规格、田间微地形、水流推进消退过程、灌水流量、土壤含水率等。在田间灌水试验之前和之后，都进行了大量的田间取土测含水率试验，测得了畦田各观测点灌前灌后的土壤含水率。

5.1.2 灌水质量评价

对于每个观测点，试验中都是分 7 层取土测量，分别是 0～5 cm,5～10 cm,10～20 cm,20～40 cm,40～60 cm,60～80 cm,80～100 cm。记每层灌前灌后含水率之差分别为 $\Delta\theta_1,\Delta\theta_2,\cdots,\Delta\theta_7$，则对于每个观测点，其入渗水深计算公式如下：

$$Z = \sum_{i=1}^{7} (\Delta\theta_i \times h_i) \tag{5.1}$$

式中：Z 为入渗水深，mm；$\Delta\theta_i$ 为灌后第 i 层灌前灌后体积含水率之差，%；h_i 为第 i 层土层深度，cm。

由于田间取土测含水率只开展到土面以下 100 cm，故此处的 Z 也是其 100 cm 土壤深度上的入渗水深。

在本次研究中共利用 18 条畦田进行了灌水试验，其中 6 条畦田设计为恒定的入畦流量灌水方式，12 条畦田设计为两次变流量的灌水方式。根据灌水质量公式计算，求得此次田间灌水灌后各畦田灌水质量结果见表 5.2。

表 5.2　灌后各畦灌水质量

试验编号	畦田编号	单宽流量 $q/\text{L}\cdot\text{s}^{-1}\cdot\text{m}^{-1}$	改水成数 G	灌水质量		
				灌水效率 $E_a/\%$	灌水均匀度 $D_u/\%$	储水效率 $E_s/\%$
1	N 东 1	3.09	0.90	84.8	83.4	85.7
2	N 东 2	5.61	0.85	88.3	84.3	86.9
3	N 东 3	6.85	0.80	81.6	76.2	87.3
4	S 东 7	3.05	0.90	77.6	81.4	90.5
5	S 东 8	5.02	0.85	86.5	82.7	90.3
6	S 东 9	7.29	0.80	80.4	82.8	86.0
7	N 东 4	7.33→5.21→4.17	0.25,0.50,0.80	93.2	83.2	85.9
8	N 东 5	7.12→5.14→4.23	0.25,0.50,0.80	91.1	83.9	83.1
9	N 东 6	6.87→4.83→4.05	0.25,0.50,0.80	89.3	79.6	75.8
10	N 东 7	3.09→3.73→4.80	0.25,0.50,0.80	84.3	85.5	91.9
11	N 东 8	3.11→4.12→7.16	0.25,0.50,0.80	76.3	82.6	90.6
12	N 东 9	2.42→5.91→7.33	0.25,0.50,0.80	86.9	78.7	91.6
13	N 东 10	2.97→4.04→8.37	0.25,0.50,0.80	57.1	74.4	92.0
14	N 东 11	3.16→4.91→5.44	0.25,0.50,0.80	77.8	82.4	86.1
15	N 东 12	2.93→5.22→7.14	0.25,0.50,0.80	69.9	90.2	91.0
16	S 东 10	4.27→5.26→7.19	0.25,0.50,0.80	75.4	81.4	89.5
17	S 东 11	4.57→5.12→7.29	0.25,0.50,0.80	76.5	79.7	91.2
18	S 东 12	4.18→5.21→8.02	0.25,0.50,0.80	73.4	75.7	82.3

5.1.3 试验结果分析

在表 5.2 中,前 6 组试验均为恒定流量的灌水,后 12 组为两次变流量的灌水,其中 3 组流量由大变小,其余 9 组流量均是由小变化到大的。为对比试验中恒定流量与变流量对灌水质量的影响的差异,分别计算两种灌水方式得到的灌水质量评价指标的统计特性,见表 5.3。

表 5.3 灌水质量评价指标统计特性

流量变化	统计项	灌水效率 E_a/%	灌水均匀度 D_u/%	储水效率 E_s/%	均值/%
恒定流量	最大	88.3	84.3	90.5	86.5
	最小	77.6	76.2	85.7	81.7
	均值	83.2	81.8	87.8	84.3
	极差	10.7	8.1	4.8	4.8
逐渐变小	最大	93.2	83.9	85.9	87.4
	最小	89.3	79.6	75.8	81.6
	均值	91.2	82.2	81.6	85.0
	极差	3.9	4.3	10.1	5.8
逐渐变大	最大	86.9	90.2	91.9	87.2
	最小	57.1	74.4	82.3	74.5
	均值	75.3	81.3	89.6	82.0
	极差	29.8	15.8	9.6	12.7

由表 5.3 可以看出,在本次试验范围内,流量逐渐变小的变流量灌水方式所得的灌水效率是 3 种方式中最高的,恒定流量方式次之,最后是逐渐变大的变流量灌水方式。流量逐渐变小方式所得灌水均匀度是 3 种灌水中最高的,恒定流量次之,最后是逐渐变大的变流量方式。在储水效率方面,逐渐变大变流量方式所得最高,恒定流量次之,最后是逐渐变小变流量。综合评价这 3 个指标,取其均值作为最终的目标函数,最优的灌水方式为逐渐变小的变流量,然后是恒定流量方式,最后是逐渐变大的变流量方式。

在 6 组恒定流量灌水方式中,N 东 2 畦田所得的灌水质量综合最优;在

3 组逐渐变小的变流量灌水方式中,N 东 4 畦田所得的灌水质量综合最优;在 9 组逐渐变大的变流量灌水方式中,N 东 7 畦田所得的灌水质量综合最优。对比这 3 组在各自灌水方式中最优的方案的灌溉用水在田间的入渗分布,结果见图 5.1。

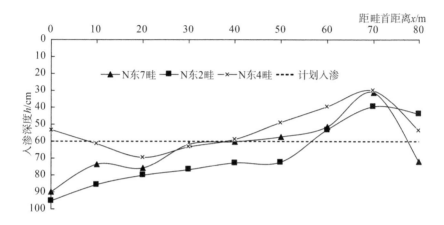

图 5.1　灌后入渗水深分布

由图 5.1 可发现,N 东 2 畦为恒定流量灌水,其入渗水深在畦田的中前段超过计划入渗水深较多,降低了灌水效率,在畦尾部分则不足,前后在计划入渗两侧波动较大使得其灌水均匀度不高;N 东 7 畦为逐渐变大的变流量灌水,其在畦田前半部分超过计划入渗深度,降低了灌水效率,在后半段大部分则不足,在畦尾则又超出;N 东 2 畦为逐渐变小的变流量灌水,其入渗量在畦首处不足计划入渗深度,随后的其他畦田前半部分均超过计划入渗深度,而在畦田的后半段均达不到计划入渗深度。

综合上述分析,在本次试验范围内,流量逐渐减小的变流量灌水方式具有更高的灌水质量。但由于试验工作量有限,难以统筹考虑各种流量变化的可能,因此,仍需用数值模拟的方法做进一步研究。

5.2 变流量、变坡畦灌数值模拟模型构建

5.2.1 数学模型及边界条件

畦灌水流运动是在一个非恒定渗透底面上的具有上、下游动边界的薄层明渠非恒定流,具有明显的表面阻力和渗透特性。又因为畦宽远小于畦长,所以畦灌水流可以简化为沿畦长方向的一维流动,符合一维浅水非恒定流方程。田面水流运动方程(完全水动力学模型)为

$$V\frac{\partial h}{\partial x}+h\frac{\partial V}{\partial x}+\frac{\partial h}{\partial t}=-i \tag{5.2}$$

$$\frac{\partial V}{\partial t}+g\frac{\partial h}{\partial x}+V\frac{\partial V}{\partial x}=g(z-s_f)+\frac{iV}{2h} \tag{5.3}$$

式中:V 为断面平均流速,m/s;h 为田面水深,m;t 为灌水时间,s;g 为重力加速度,取为 $9.8~\text{m/s}^2$;x 为沿畦长方向距畦首的距离,m;i 为单宽入渗率,m/s;z 为田面纵坡;n 为田面糙率;s_f 为阻力坡降,可用下式表述

$$s_f=\frac{Q^2 n^2}{A^2 R^{\frac{4}{3}}}\approx\frac{V^2 n^2}{h^{\frac{4}{3}}} \tag{5.4}$$

式中:Q 为灌水流量,m^3/s;A 为过水面积,m^2;R 为水力半径,m。

土壤水分运动方程(Kostiakov 模型)为

$$I=kt^\alpha$$

$$i=\frac{\mathrm{d}I}{\mathrm{d}t}=\alpha k t^{\alpha-1} \tag{5.5}$$

式中:I 为土壤累积入渗量(即入渗水深),m;k 为土壤入渗系数,$\text{m}\cdot\text{s}^{-\alpha}$;$\alpha$ 为入渗指数,无量纲。

以畦首开始灌水的时间作为起算时间,设灌水流量改变的时间为 t_0,畦首

停水时间为 t_1，畦首水深减小到零的时间为 t_2，进水锋到达畦尾的时间为 t_3，整个畦面水深减小到零的时间为 t_4，灌水过程可划分为 4 个阶段：

(1) 进水阶段 ($t \leqslant t_1$)；

(2) 垂直消退阶段 ($t_1 < t \leqslant t_2$)；

(3) 水平退水第一阶段 ($t_2 < t \leqslant t_3$)；

(4) 水平退水第二阶段 ($t_3 < t \leqslant t_4$)。

如果停水时间过晚，在退水尾边形成之前进水锋就到达了畦尾，水平退水第一阶段就不存在了。在垂直消退阶段整个畦田全部被水淹没，畦首水深下降到零后就过渡到水平退水第二阶段。反之，如果停水过早，进水锋到达畦尾之前退水尾边就追上了进水前锋，则不再有水平退水第二阶段，灌溉水没有到达畦尾就全部渗入土壤。

田面水流运动方程要求 $h > 0$，所以这个方程仅在有地面水流的区域内有定义。其定义域的下边界是进水锋位置 $x_W(t)$，上边界是退水尾边位置 $x_R(t)$。边界是运动的，边界点是方程的奇点，边界的位置正是要在方程的求解过程中确定的。

初始条件 ($t = 0$)：

$$hV = q_0 \tag{5.6}$$

式中：q_0 为初始单宽流量，m^2/s。

边界条件 ($0 < t \leqslant t_4$)：

(1) 进水阶段 ($t \leqslant t_1$)

灌水流量改变前的边界条件为

$$\begin{cases} hV = q_0 & (x = 0) \\ h = 0 & (x = x_W) \end{cases} \tag{5.7}$$

灌水流量改变后的边界条件为

$$\begin{cases} hV = q_1 & (x = 0) \\ h = 0 & (x = x_W) \end{cases} \tag{5.8}$$

（2）垂直消退阶段（$t_1 < t \leqslant t_2$）

$$
\begin{cases}
hV = 0 & (x = 0) \\
h = 0 & (x = x_{\mathrm{W}})
\end{cases}
\tag{5.9}
$$

（3）水平退水第一阶段（$t_2 < t \leqslant t_3$）

$$
\begin{cases}
h = 0 & (x = x_{\mathrm{R}}) \\
h = 0 & (x = x_{\mathrm{W}})
\end{cases}
\tag{5.10}
$$

（4）水平退水第二阶段（$t_3 < t \leqslant t_4$）

$$
\begin{cases}
h = 0 & (x = x_{\mathrm{R}}) \\
V = 0 & (x = L)
\end{cases}
\tag{5.11}
$$

式中：q_0 为初始单宽流量，$\mathrm{m^2/s}$；q_1 为变化后的单宽流量，$\mathrm{m^2/s}$；x_{W} 为进水锋位置，m；x_{R} 为退水尾边位置，m；L 为畦长，m。

5.2.2　模型求解

目前求解地面灌溉水流运动模型主要运用特征线法、有限差分法、有限元（体积）法、混合数值解法等数值方法。特征线法具有数学分析严谨、物理概念明确、计算精度较高的优点，较其余方法更适用于本模型的求解。

首先将由式（5.2）和式（5.3）构成的偏微分方程组化为特征方程，因两个方程的量纲不同，将式（5.2）两侧同乘以有量纲的 φ，使得两式量纲和谐且进行线性组合得到：

$$
\frac{\partial V}{\partial t} + (V + h\varphi)\frac{\partial V}{\partial x} + \varphi\left[\frac{\partial h}{\partial t} + \left(\frac{g}{\varphi} + V\right)\frac{\partial h}{\partial x}\right] = g(s_0 - s_\mathrm{f}) + \frac{iV}{2h} - i\varphi
$$

$$
\tag{5.12}
$$

令

$$
\frac{\partial V}{\partial t} + (V + h\varphi)\frac{\partial V}{\partial x} = \frac{\partial V}{\partial t} + \frac{\partial V}{\partial x}\frac{\mathrm{d}x}{\mathrm{d}t} = \frac{\mathrm{d}V}{\mathrm{d}t}
$$

$$\frac{\partial h}{\partial t} + \left(\frac{g}{\varphi} + V\right)\frac{\partial h}{\partial x} = \frac{\partial h}{\partial t} + \frac{\partial h}{\partial x}\frac{\mathrm{d}x}{\mathrm{d}t} = \frac{\mathrm{d}h}{\mathrm{d}t}$$

即

$$\frac{\mathrm{d}x}{\mathrm{d}t} = V + h\varphi = \frac{g}{\varphi} + V$$

于是有

$$\varphi = \pm\sqrt{\frac{g}{h}}$$

则

$$\frac{\mathrm{d}x}{\mathrm{d}t} = V \pm \sqrt{gh}$$

因此通过特征变换可把偏微分方程组化成沿特征线的常微分方程组

$$\begin{cases} \dfrac{\mathrm{d}x}{\mathrm{d}t} = V + \sqrt{gh} \\[2mm] \dfrac{\mathrm{d}(V + 2\sqrt{gh})}{\mathrm{d}t} = g(s_0 - s_\mathrm{f}) + \dfrac{V - 2\sqrt{gh}}{2h}i \\[2mm] \dfrac{\mathrm{d}x}{\mathrm{d}t} = V - \sqrt{gh} \\[2mm] \dfrac{\mathrm{d}(V - 2\sqrt{gh})}{\mathrm{d}t} = g(s_0 - s_\mathrm{f}) + \dfrac{V + 2\sqrt{gh}}{2h}i \end{cases} \tag{5.13}$$

为简化计算，令

$$A(x,t) = V + \sqrt{gh} \qquad B(x,t) = V + 2\sqrt{gh}$$

$$C(x,t) = V - \sqrt{gh} \qquad D(x,t) = V - 2\sqrt{gh} \tag{5.14}$$

$$E(x,t) = g(s_0 - s_\mathrm{f})$$

则简化为

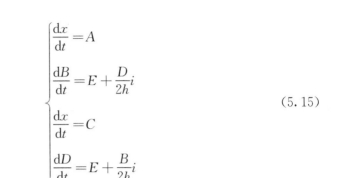

$$\begin{cases} \dfrac{\mathrm{d}x}{\mathrm{d}t}=A \\[2mm] \dfrac{\mathrm{d}B}{\mathrm{d}t}=E+\dfrac{D}{2h}i \\[2mm] \dfrac{\mathrm{d}x}{\mathrm{d}t}=C \\[2mm] \dfrac{\mathrm{d}D}{\mathrm{d}t}=E+\dfrac{B}{2h}i \end{cases} \tag{5.15}$$

灌溉条件下的地面水流一般流速较小,除进水锋附近外均为缓流,$V<\sqrt{gh}$,则 $A>0,C<0$,所以在 $x\text{-}t$ 平面图上顺特征线斜率为正值,逆特征线斜率为负值。进水锋区水流为急流,$V>\sqrt{gh}$,则 $A>0,C>0$,所以在 $x\text{-}t$ 平面图上顺、逆特征线斜率均为正值。从缓流到急流,中间必有一点水流处于临界流,$V=\sqrt{gh}$,则 $A>0,C=0$,所以在 $x\text{-}t$ 平面图上顺特征线斜率为正值,逆特征线是水平的。在进水锋和退水尾边处 $h=0$,则 $A=C=V\geqslant 0$,所以在 $x\text{-}t$ 平面图上顺、逆特征线重合,而且水流推进和消退曲线是顺、逆特征线的外包线。

利用有限差分的方法求解特征方程组(5.15)。用于离散求解这类特征方程组的时空网格划分方法可分为两种,即特征线网格法和矩形网格法。由于特征线网格法所建立的网格很不规则,不便于计算和运用,因此选择矩形网格法进行求解。

如图 5.2 所示,假定网格中 t_n 时层为已知时层,t_{n+1} 时层为未知待求时层。

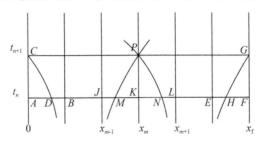

图 5.2 时空网格划分示意图

从待求点 P 向已知时层 t_n 做顺、逆特征线(正、负特征线),且与 t_n 时层分别交于点 M 和点 N。

(1) 内节点的计算

由待求点 P 向已知时层做顺、逆特征线得到与已知时层的交点 M 和 N 后,采用具有二阶精度的梯形公式,可得如下特征差分方程组:

$$\begin{cases} \dfrac{x_P - x_M}{\Delta t} = \dfrac{1}{2}(A_P + A_M) \\[2mm] \dfrac{B_P - B_M}{\Delta t} = \dfrac{1}{2}\left(E_P + E_M + \dfrac{i}{2h}D_P + \dfrac{i}{2h}D_M\right) \\[2mm] \dfrac{x_P - x_N}{\Delta t} = \dfrac{1}{2}(C_P + C_N) \\[2mm] \dfrac{D_P - D_N}{\Delta t} = \dfrac{1}{2}\left(E_P + E_N + \dfrac{i}{2h}B_P + \dfrac{i}{2h}B_N\right) \end{cases} \tag{5.16}$$

点 J、K 和 L 处的水深、流速均已知,如果知道了 x_M 和 x_N,则可以通过线性内插的方法求得 M、N 点的水深 h 与流速 V,从而由式(5.14)求得 A_M、B_M、E_M、D_M、C_N、D_N、E_N、B_N,代入式(5.16)求得 B_P、D_P,再代回式(5.14)即可求得 P 点的 h_P、V_P。所以,以上特征差分方程组中只有 4 个未知数:x_M、x_N、h_P 和 V_P,未知数的数量等于方程数,可通过迭代求解。

(2) 上边界点的计算

在进水阶段和垂直消退阶段,模型上边界点与畦首边界重合,因此上游边界点只能向已知时层做逆特征线。此时特征差分方程为

$$\begin{cases} \dfrac{0 - x_N}{\Delta t} = \dfrac{1}{2}(C_P + C_N) \\[2mm] \dfrac{D_P - D_N}{\Delta t} = \dfrac{1}{2}\left(E_P + E_N + \dfrac{i}{2h}B_P + \dfrac{i}{2h}B_N\right) \end{cases} \tag{5.17}$$

再结合不同阶段的上游边界条件,特征差分方程组中只有 3 个未知数:x_N、h_P 和 V_P,未知数的数量等于方程数,可通过迭代求解。

水平退水阶段的上边界点是水流的退水尾边。当上游形成退水尾边时,解

的上边界就不再是畦首边界,而是一个运动边界。由于退水尾边处水深为 0,无法作为计算上边界,因此需要取一特定水深位置作为计算上边界。这一特定水深可取任一比较小的 h_{min},这里取 $h_{min} = 5$ mm。当计算出此点水深小于 h_{min} 时,即认为该点水流已经消退。

(3)下边界点的计算

当水流推进到畦尾之后,下边界与畦尾边界重合,此时下边界点只能向已知时层做顺特征线,得到的特征差分方程组为

$$\begin{cases} \dfrac{L - x_M}{\Delta t} = \dfrac{1}{2}(A_P + A_M) \\ \dfrac{B_P - B_N}{\Delta t} = \dfrac{1}{2}\left(E_P + E_M + \dfrac{i}{2h}D_P + \dfrac{i}{2h}D_M\right) \end{cases} \tag{5.18}$$

再结合此阶段的下游边界条件,特征差分方程组中只有 3 个未知数:x_M、h_P 和 V_P,未知数的数量等于方程数,可通过迭代求解。

在水流推进到畦尾之前,下游边界是水流的进水锋,而靠近进水锋处,水深急剧下降,超出了渐变流的假定范围,与基本方程有较大偏差,数值计算难以收敛,需另作处理。

(4)差分格式的稳定条件

由于特征差分法是在已知时层各点的初始值的基础上对未知时层上逐点进行求解,如图 5.2 所示,需保证两条特征线与已知时层的交点位于 J、L 点之间的两距离步长内。因此,必须满足

$$\frac{\Delta t}{\Delta x} \leqslant \frac{\mathrm{d}t}{\mathrm{d}x} = \frac{1}{\dfrac{\mathrm{d}x}{\mathrm{d}t}} = \frac{1}{V + \sqrt{gh}} \tag{5.19}$$

(5)进水锋的计算

根据 Witham 假定,在接近进水锋处由于水深很快减小到 0,动量方程中 $\partial h/\partial x$ 项与阻力项的绝对值变得远大于其余项,因此其余项可以忽略不计,动量方程简化为

$$\frac{\partial h}{\partial x} = -s_\text{f} = -\frac{n^2 V^2}{h^{\frac{4}{3}}} \tag{5.20}$$

将进水锋附近各点流速近似认为是均匀的,且都等于进水锋区内某一平均流速 $\bar{V}(t)$,用 $\bar{V}(t)$ 代替 $V(x,t)$,则可对上式积分得到进水锋区各点水深与 $\bar{V}(t)$ 的关系:

$$h = \left[h_\text{L}^{\frac{7}{3}} - \frac{7}{3} n^2 \bar{V}^2 (x - x_\text{L}) \right]^{\frac{3}{7}} \tag{5.21}$$

因为 $x = x_{n+1}$ 时,水深 $h=0$,而且进水锋位置 x_{n+1} 通过水量平衡已经求出,所以通过上式可以得到 $\bar{V}$ 与 x_{n+1} 的关系:

$$\bar{V} = \sqrt{\frac{3 h_\text{L}^{\frac{7}{3}}}{7 n^2 (x_{n+1} - x_\text{L})}} \tag{5.22}$$

鉴于灌溉流量发生改变这一特殊情况,本书提出通过临界水深点位置求得进水锋位置的方法。下面以 t_n 至 t_{n+1} 时段为例,进行计算说明。

时段初 t_n 的各个节点水深、流速均是已知量,此时刻的进水锋区域平均流速 $\bar{V}(x_\text{w}, t_n)$ 和节点水深 $h(x, t_n)$ 可通过式(5.20)和式(5.22)求得。假定进水锋区域的流速保持不变,进而计算得到 t_{n+1} 时刻的进水锋位置预测值:

$$x'_\text{w}(t_{n+1}) = x_\text{w}(t_n) + \bar{V}(x_\text{w}, t_n) \times \Delta t \tag{5.23}$$

式中: $x'_\text{w}(t_{n+1})$ 为 t_{n+1} 时刻的进水锋位置预测值,m; $x_\text{w}(t_n)$ 为 t_n 时刻的进水锋位置,m。

畦灌水流除进水锋附近外均为缓流, $V < \sqrt{gh}$,进水锋区水流为急流, $V > \sqrt{gh}$,从缓流到急流,中间必有一临界点水流处于临界流, $V = \sqrt{gh}$。当某一计算节点处计算出对应水深 $h \leqslant V^2/g$ 时,取该节点的前一点作为计算的下游边界点 x_L,并从 x_L 开始,取更小的空间步长,对 x_L 至 $x'_\text{w}(t_{n+1})$ 的范围进行空间网格加密。已知 x_L 至 $x'_\text{w}(t_{n+1})$ 处的水深和流速[$x'_\text{w}(t_{n+1})$ 是进水锋位置,所以水深为 0],加密的各节点的水深、流速按线性插值计算,并从 x_L 开始,直至找到临界水深点 x_c。

在接近进水锋处由于水深很快减小到 0，动量方程中 $\partial h/\partial x$ 项与阻力项的绝对值变得远大于其余项，因此其余项可以忽略不计，动量方程可进一步简化，运用差分的方法，可改写为

$$\frac{\Delta x}{\Delta h}=\frac{x_w-x_c}{h_w-h_c}=\frac{1}{2}\left(-\frac{h_w^{\frac{4}{3}}}{n^2V_w^2}-\frac{h_c^{\frac{4}{3}}}{n^2V_c^2}\right) \tag{5.24}$$

式中：h_w 为进水锋处的水深，m；h_c 为临界点处的水深，m；x_w 为进水锋位置，即为 0；x_c 为临界点位置，m；V_w 为进水锋处的流速，m/s；V_c 为临界点处的流速，m/s。

因为进水锋处水深为 0，所以临界水深点 x_c 到进水锋位置 $x_w(t_{n+1})$ 的距离可以表示为

$$x_w-x_c=\frac{2h_c^{\frac{7}{3}}}{n^2V_c^2} \tag{5.25}$$

进而求得 t_{n+1} 时刻的进水锋位置。

（6）变流量时的计算

在进水阶段，假设水流推进到 x_a 处时（$t=t_a$），单宽灌水流量需要由 q_0 在短时间内调节为 q_1。此时在较短的距离内水面会具有阶梯式的涌涨（$q_1>q_0$）或消落（$q_1<q_0$）前缘，瞬时水面坡度很陡，其水力要素不再是时间 t 和流程 x 的连续函数，这种波称为断波。断波前缘可以近似看成垂直于原水面，因此可以用非恒定急变流描述：

$$\omega=v_0\pm\sqrt{g\left(h_0+\frac{3}{2}\xi+\frac{\xi^2}{2h_0}\right)} \tag{5.26}$$

$$\Delta q=\omega\xi \tag{5.27}$$

式中：ω 为断波波速，m/s；ξ 为断波波高，m；v_0 为未受到断波波峰影响的区域流速，m/s；h_0 为未受到断波波峰影响的区域水深，m；Δq 为单宽断波流量，m^2/s。

下面以涨水波($q_1 > q_0$)为例,进行计算说明,落水波($q_1 < q_0$)的计算方法同样如此。如图 5.3 所示,断面 1-1 及其上游,水流已经稳定,可以认为这部分区域为恒定灌水流量为 q_1 的畦灌,按照特征差分方法计算各个节点的水深与流速。断面 2-2 及其下游,水流尚未受到断波的影响,仍然按照恒定灌水流量为 q_0 的模型计算各个节点的水深与流速。

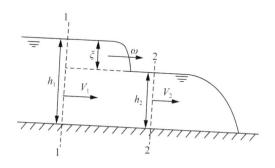

图 5.3　断波计算示意图

在 t_a 时刻,各个节点的水深 $h(x,t_a)$ 与流速 $V(x,t_a)$ 已经通过上一节介绍的特征差分方法计算得到。在随后的 Δt 时段,因流量变化($\Delta q = q_1 > q_0$)产生的断波的波高 ξ 与流速 ω 可以由式(5.26)与(5.27)求得。在此 Δt 时段内,认为断波传播的距离为 s_B,除了这段 s_B 区域,其余区域未受到断波影响,仍然按照未改变前的流量 q_0 进行特征差分的迭代计算。

$$s_B = \omega \Delta t \tag{5.28}$$

在下一时刻($t_a + \Delta t$),从上时段的断波流经的区域内的各节点($x \leqslant s_B$)的初始迭代水深、流速值按照下式计算:

$$h(x,t_a + \Delta t) = h(x,t_a) + \xi \tag{5.29}$$

$$V(x,t_a + \Delta t) = \frac{V(x,t_a) \times h(x,t_a) + \omega \xi}{h(x,t_a) + \xi} \tag{5.30}$$

式中:$h(x,t_a + \Delta t)$ 为 $t_a + \Delta t$ 时刻距畦首 x 处断面水深,m;$V(x,t_a + \Delta t)$ 为 $t_a + \Delta t$ 时刻距畦首 x 处断面平均流速,m/s;其余符号含义同前。

在 $t_a + \Delta t$ 至 $t_a + 2\Delta t$ 时段,断波的单宽流量 Δq 按下式计算:

$$\Delta q = h(s_B, t_a + \Delta t) \times V(s_B, t_a + \Delta t) - h'(s_B, t_a + \Delta t) \times V'(s_B, t_a + \Delta t)$$

(5.31)

式中:$h'(s_B, t_a + \Delta t)$ 为按照恒定灌水流量 q_0 进行数值模拟得到的 $t_a + \Delta t$ 时刻距畦首 s_B 处断面水深,m;$V'(x, t_a + \Delta t)$ 为按照恒定灌水流量 q_0 进行数值模拟得到的 $t_a + \Delta t$ 时刻距畦首 s_B 处断面平均流速,m/s;其余符号含义同前。

重复上述步骤,计算出灌水流量改变后各时段的水流运动情况。当断波到达进水锋区域或者单宽断波流量小于一个特定值(这个特定值可以按照灌水技术要素和模型精度要求自行决定,本研究取为 $0.000\ 2\ \mathrm{m}^2/\mathrm{s}$),认为流量变化引起的断波已经消除,田面水流恢复稳定,之后可以继续采用恒定灌水流量为 q_1 的模型进行数值模拟。

5.2.3 模型验证

选取典型畦田进行验证,利用 2018 年 4 月在中国科学院南皮农业生态实验站试验的冬小麦畦灌资料,选取 6 条变流量灌水的畦田作为验证对象。主要探寻畦灌水流推进和消退过程中模拟值和实测值的差异性,用平均相对误差来衡量此种差异性。

各畦田模拟误差统计结果见表 5.4,其水流运动过程模拟与实测对比见图 5.4。

表 5.4 各畦田模拟误差统计

畦田编号	推进平均相对误差/%	消退平均相对误差/%
N 东 4	3.56	4.97
N 东 5	4.56	8.87
N 东 6	5.32	8.90
N 东 7	5.35	7.68
N 东 8	4.80	8.33
N 东 9	5.40	8.73
均值	4.83	7.91

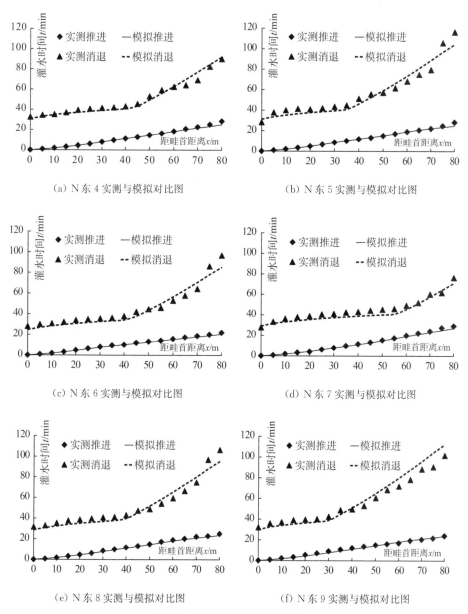

图 5.4　各畦实测与模拟对比图

　　分析上述图表,①水流推进过程实测与模拟数据拟合程度明显高于消退过程,且其实测与模拟结果的相对误差均小于消退过程,可得出推进过程中实测与模拟结果差异性小于消退过程的结论。这是因为推进过程主要受入畦单宽流量控制,其推进到某一点的判别比较明显,而消退过程受地形因素影响较大,畦田坑洼之处对消退的判别影响很大。②推进过程实测与模拟的平均相对误差最大为5.40%,消退过程实测与模拟的平均相对误差最大为8.90%,均在精度要求范围内,说明无论是推进或消退过程,模拟的精度都较理想。因此,变流量畦灌数值模拟模型是准确的。

5.3 畦田变流量灌水设计理论

5.3.1 变流量与恒流量的灌水质量分析比较

对恒定流量的灌水和变化流量的灌水(主要是一次变流和两次变流)进行了模拟分析,并求得各自条件下最优灌水技术要素组合。并对上述三种灌水方式取得的灌水质量进行对比分析,判断各灌水方式的优劣及其机理。

恒定流量灌水、一次变流灌水和二次变流灌水的最优技术要素组合见表5.5,计算各评价指标的统计特征,结果见表5.6。

表 5.5　最优技术要素组合

方案编号	单宽流量 $q /\text{L} \cdot \text{m}^{-1} \cdot \text{s}^{-1}$	变水成数 第一次	变水成数 第二次	改水成数 G	灌水效率 E_a /%	灌水均匀度 D_u /%	储水效率 E_s /%	质量评价均值
A1	3	—	—	0.95	70	76	100	82.0
A2	4	—	—	0.90	87	88	100	91.7
A3	恒定流量 5	—	—	0.85	95	91	98	94.8
A4	6	—	—	0.80	96	91	93	93.4
A5	7	—	—	0.75	96	90	90	92.0
A6	8	—	—	0.75	93	86	90	89.7

续表

方案编号	单宽流量 $q/\text{L}\cdot\text{m}^{-1}\cdot\text{s}^{-1}$	变水成数 第一次	变水成数 第二次	改水成数 G	灌水质量评价指标 灌水效率 $E_a/\%$	灌水质量评价指标 灌水均匀度 $D_u/\%$	灌水质量评价指标 储水效率 $E_s/\%$	质量评价均值
B1	3→5	0.4	—	0.85	90	87	100	92.3
B2	4→5	0.4	—	0.85	93	89	100	94.0
B3	5→4	0.5	—	0.90	94	90	98	94.1
B4	6→4	0.5	—	0.90	97	92	98	95.8
B5	7→4	0.5	—	0.90	98	93	97	96.0
B6	8→4	0.5	—	0.90	99	94	95	96.0
C1	3→7→4	0.3	0.6	0.90	94	89	98	93.8
C2	4→6→4	0.3	0.6	0.90	96	91	98	95.1
C3	5→6→4	0.35	0.6	0.90	96	91	98	95.1
C4	6→5→4	0.35	0.6	0.90	96	91	98	95.1
C5	7→5→4	0.35	0.6	0.90	97	92	98	95.8
C6	8→5→4	0.35	0.6	0.90	97	92	98	95.8

（B1~B6 方案为一次变流，C1~C6 方案为二次变流）

表5.6 灌水质量评价指标统计特征

	参数	最大值	最小值	均值	极差	标准差
恒定流量	灌水效率/%	96	70	89.5	26	10.134
	灌水均匀度/%	91	76	87.0	15	5.727
	储水效率/%	100	90	95.2	10	4.750
	均值/%	94.8	82.0	90.6	12.8	4.548
一次变流	灌水效率/%	99	90	95.2	9	3.430
	灌水均匀度/%	94	87	90.8	7	2.639
	储水效率/%	100	95	98.0	5	1.897
	均值/%	96.0	92.3	94.7	3.7	1.497
两次变流	灌水效率/%	97	94	96.0	3	1.095
	灌水均匀度/%	92	89	91.0	3	1.095
	储水效率/%	98	98	98.0	0	0.000
	均值/%	95.8	93.8	95.1	2.0	0.731

由上表分析可得到：①两次变流畦灌的灌水效率、灌水均匀度和储水效率的极差和标准差均是 3 种灌水方式中最小的，而恒定流量的则为最大，可见两

次变流灌水对各灌水技术要素的敏感性最低,其次是一次变流,恒定流量的敏感性最高;②在灌水效率方面,两次变流灌水的均值高于一次变流灌水,变流量灌水方式均高于恒定流量灌水方式,可见变流量的灌水方式更利于灌水效率的提高;③在灌水均匀度方面,两次变流最高,其次是一次变流,恒定流量的最低,可见变流量灌水更利于灌水均匀度的提高;④在储水效率方面,一次变流与两次变流相同,均高于恒定流量的,可见变流量灌水更利于储水效率的提高;⑤在此3个指标均值方面,两次变流最高,其次是一次变流,恒定流量的最低,可见变流量灌水更利于灌水质量的提高。

5.3.2　变流量畦灌节水机理

灌水质量评价指标是根据灌水结束后的结果描述此次灌水,研究中还需考虑整个灌水过程。在恒定流量、一次变流和两次变流的最优灌水技术组合方案中选取最优的一组方案进行对比研究。

各灌水方式的灌后入渗水深见图 5.5、图 5.6 和图 5.7。

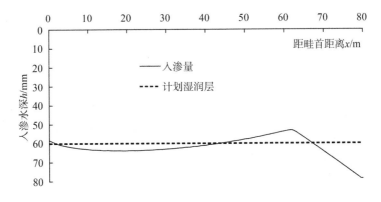

图 5.5　恒定流量灌水的入渗水深图

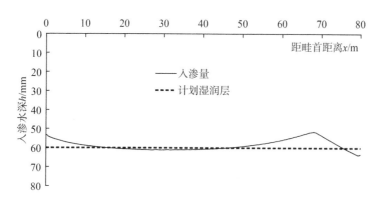

图 5.6　一次变流灌水的入渗水深图

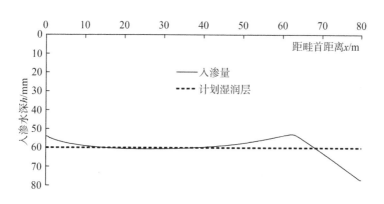

图 5.7　两次变流灌水的入渗水深图

对比 3 个图可发现,恒定流量灌水在 0～50 m 的畦田中前段超出计划湿润层的部分远远大于变流量灌水的,在 70～80 m 的畦尾恒定流量灌水超出计划湿润层的深度与两次变流的相近,均大于一次变流灌水,在 50～70 m 的畦田中后段不足计划湿润层的部分最少,因此恒定流量灌水的灌溉用水量最多且灌水效率和灌水均匀度均为最低。故变流量灌水相对于恒定流量灌水是节省用水的。

分析变流量灌水的最优技术要素组合,均是由较大流量开始,最后趋近于

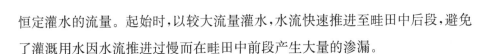

恒定灌水的流量。起始时,以较大流量灌水,水流快速推进至畦田中后段,避免了灌溉用水因水流推进过慢而在畦田中前段产生大量的渗漏。

5.4 畦田变坡灌溉设计理论

在畦灌系统中,大部分的水分损失来自深层渗透和畦尾开放时的地表径流。最佳田面纵坡取决于土壤质地、田面糙率、灌水定额、畦田规格和入畦流量。确定最佳田面纵坡在实践中非常有用,因为它可以显著地提高灌水质量。为了进一步提高灌水质量(尤其是灌水均匀性),有必要采用多个田面纵坡的设计。

5.4.1 变坡灌水方案设计

影响灌水质量的畦灌参数主要有畦田规格、土壤入渗参数、田面纵坡、田面糙率、入畦流量和改水成数等。根据研究目的,取畦田规格、土壤入渗参数、入畦流量、田面糙率为定量,田面纵坡为变量进行模拟,从而确定最优的变坡灌水方案。

从实验畦田中选取 4 条具有代表性的畦田进行一次、二次变坡灌水模拟,具体的定量参数均由田间试验获得,灌水定额依照当地生产实践取值,结果见表 5.7。

表 5.7　模型定量参数

畦田编号	畦长 L/m	畦宽 B/m	入畦流量 $q/\mathrm{L} \cdot \mathrm{m}^{-1} \cdot \mathrm{s}^{-1}$	改水成数 G	田面糙率 n	入渗系数 $k/\mathrm{mm} \cdot \mathrm{min}^{-\alpha}$	入渗指数 α	灌水定额 D/mm
1	100	3.7	2.77	0.90	0.060	8.116	0.57	60
2	100	3.7	4.87	0.80	0.095	6.463	0.68	60
3	100	3.7	4.98	0.85	0.060	6.868	0.68	60
4	100	3.7	6.87	0.80	0.090	6.131	0.77	60

根据前述研究,畦田适宜纵坡范围为 0~0.004,因此模拟中畦田纵坡以

0.000 1 的步长从 0 变化到 0.004。一次变坡灌水方案中,坡度变化位置以 10 m 步长从畦首变化到畦尾。两次变坡灌水方案中,2 个坡度变化位置分别以 5 m 步长从畦首变化到畦尾。将参数输入变流量、变坡畦灌数值模型进行数值模拟,寻找最优的变坡灌水技术方案。

5.4.2　变坡畦灌的灌水质量与节水机理分析

5.4.2.1　一次变坡方案

根据前述研究,用灌水效率和灌水均匀度综合评价灌水质量,其中灌水均匀度又可以用低区灌水均匀度(low quarter distribution uniformity, DU_{lq})和最小灌水均匀度(minimum distribution uniformity, DU_{min})进一步细化分析,具体计算公式如下:

$$DU_{lq} = \frac{\dfrac{4}{n} \sum\limits_{i=1}^{\frac{1}{4}n} (Z_{lq})_i}{\dfrac{1}{n} \sum\limits_{i=1}^{n} (Z)_i} \times 100\% \tag{5.32}$$

$$DU_{min} = \frac{Z_{min}}{\dfrac{1}{n} \sum\limits_{i=1}^{n} (Z)_i} \times 100\% \tag{5.33}$$

式中: n 为观测点总个数; $(Z)_i$ 为从畦首开始第 i 个观测点的入渗水深,mm; $(Z_{lq})_i$ 为所有观测点入渗水深从小到大排列后的第 i 个观测点的入渗水深,mm; Z_{min} 为所有观测点入渗水深中最小值,mm。

对畦田 1 进行了恒定坡度设计,数值模拟结果如图 5.8 所示。当纵坡过小 ($z < 0.001$)时,灌水过程中田面水流难以推进到畦尾,会产生畦田前部分入渗水量过多而畦尾部分入渗水量远小于灌水定额的问题。当纵坡过大($z > 0.003$)时,灌水过程中田面水流迅速推进到畦尾,会产生畦田尾部积水深度过大的问题。这也进一步验证了研究中选择模拟纵坡范围为 0~0.004 是合理的。

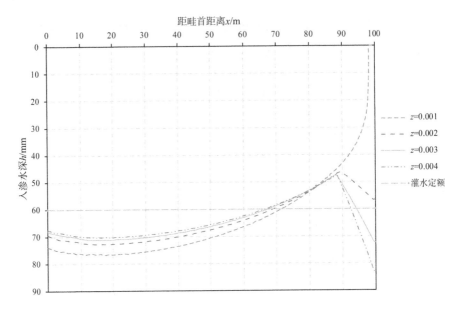

图 5.8　不同坡度下的入渗水深图

畦田纵坡以 0.000 1 的步长从 0 变化到 0.004,模拟出最佳恒定纵坡为 0.002 7。坡度变化位置以 10 m 步长从畦首变化到畦尾,模拟出最优的一次变坡方案:畦田前 50 m 纵坡为 0.003 4,后 50 m 纵坡为 0.001 5。两方案的灌水质量比较见表 5.8 与图 5.9。与恒定纵坡方案相比,一次变坡对灌水效率影响不大,但能显著改善畦尾入渗水量过多的问题,从而提高了灌水均匀度。

表 5.8　恒定纵坡与一次变坡方案灌水质量评价

方案	变化前坡度 z_1	变化后坡度 z_2	纵坡变化位置 X_p/m	灌水效率 E_a/%	灌水均匀度/%	
					DU_{lq}	DU_{min}
恒定坡度	0.002 7	0.002 7	—	91	84	74
一次变坡	0.003 4	0.001 5	50	91	86	80

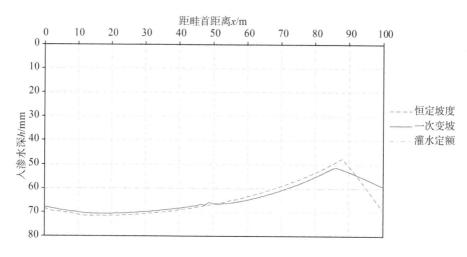

图 5.9 恒定纵坡与一次变坡方案的入渗水深

5.4.2.2 二次变坡方案

二次变坡较为复杂,因此分析了更多案例,纵坡变化位置也进行了加密处理。依照前述方法,对 2、3、4 畦进行最优恒定变坡和二次变坡方案设计,其中,二次变坡方案设计时 2 个坡度变化位置分别以 5 m 步长从畦首变化到畦尾。最优方案及其灌水质量见表 5.9 与图 5.10~图 5.12。

表 5.9 恒定纵坡与二次变坡方案灌水质量评价

畦田编号	方案	初始坡度 z_0	第一次变坡		第二次变坡		灌水效率 E_a/%	灌水均匀度/%	
			变化位置 x_1/m	变后坡度 z_1	变化位置 x_2/m	变后坡度 z_2		DU_{lq}	DU_{min}
2	恒定坡度	0.002 2	—	0.002 2	—	0.002 2	94	86	78
	二次变坡	0.002 5	75	0.001 0	90	0.001 5	95	91	88
3	恒定坡度	0.002 2	—	0.002 2	—	0.002 2	95	88	81
	二次变坡	0.002 5	75	0.000 5	90	0.001 0	97	94	90
4	恒定坡度	0.001 4	—	0.001 4	—	0.001 4	77	86	83
	二次变坡	0.002 5	70	0.000 5	90	0	77	95	90

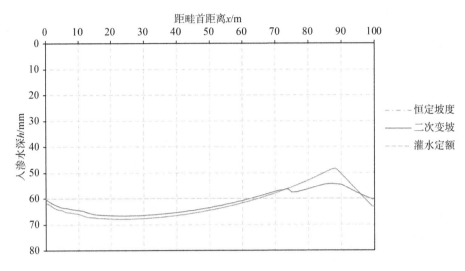

图 5.10 2 号畦田各方案的入渗水深

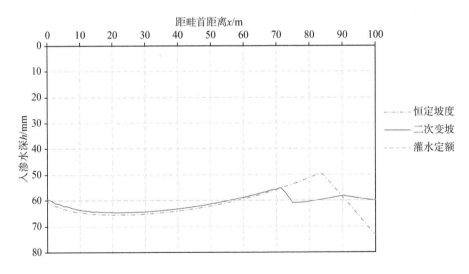

图 5.11 3 号畦田各方案的入渗水深

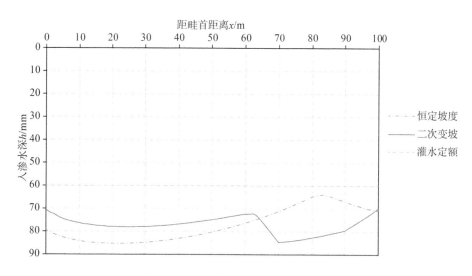

图 5.12　4 号畦田各方案的入渗水深

为了进一步提高灌水质量(尤其是灌水均匀度),本研究提出并应用了变坡灌溉的方法。目前的研究主要针对华北地区的畦灌,土壤为粉质壤土,畦长 100 m。在这些条件下,研究得出以下结论:

(1)在灌水效率方面,采用二次变坡方案后,畦 2 和畦 3 的灌水效率分别提高 1‰和 2‰、畦 3 基本不变,可见二次变坡只会略微提高灌水效率。

(2)在灌水均匀度方面,采用二次变坡方案后,3 个模拟畦的灌水均匀度均有明显提升,而且提升幅度大于一次变坡方案。

(3)二次变坡方案可以改善畦田部分区域积水过多的问题,从而使得入渗水深曲线更接近灌水定额线,这也是灌水均匀度提升的原因。

(4)一次变坡方案设计时,坡度变化位置建议选在畦田中间;二次变坡方案设计时,坡度变化位置建议分别选在距畦首 0.75 倍畦长和 0.90 倍畦长处。

第6章
自适应调控畦灌

目前畦田自然要素数据尚难以准确地批量获取,导致传统畦灌方案通常只能按照一套固定的畦田坡度、入渗参数和田面糙率进行优化设计。由于自然要素具有较强的时空变异性,传统地面灌溉的灌水质量往往波动较大,整体灌水质量较低。本书在根据自然要素的时空变异性对田面水流运动过程的影响规律确定首次流量调控点位置、根据畦灌水流运动过程对流量调控的响应规律确定后续流量调控点位置的基础上,运用变流量畦灌数值模型模拟不同畦田自然要素变差情景下的最优流量调节增量,拟合出调节流量与实际推进时间偏差的函数关系,制定流量调控策略,构建针对自然要素偏差的畦灌自适应调控模型,增强了灌水质量对自然要素、灌水流量及畦田规格等因素变异性的抗干扰能力,将畦灌灌水质量提高到了新的水平。

6.1　畦灌自适应调控模型的构建

入渗参数、田面糙率等畦田自然要素难以大范围准确测量,因此在实际畦灌时,只能选取典型畦田测量其自然要素,依此制定畦灌方案并应用于其余畦田。但是畦田自然要素在不同畦田、同一畦田的不同畦段之间均存在显著差异,这势必会改变田面水流运动过程、降低灌水质量。畦灌自适应调控,就是根据观测到的实际水流运动过程与原设计水流运动过程的偏离程度,实时调控灌水技术要素以适应自然要素变差,进而提高畦灌的灌水质量,自适应调控方框图如图 6.1 所示。

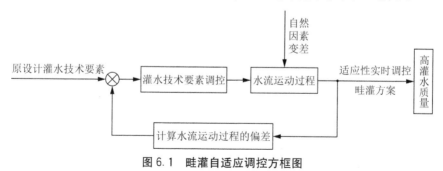

图 6.1　畦灌自适应调控方框图

在灌水阶段,反映畦灌水流运动过程的可观测变量主要有水深、流速和推进时间,其中推进时间与自然要素变差密切相关且易于测量,因此确定推进时间为观测变量。可调控灌水技术要素主要包括流量和停水时机,仅调控停水时机无法保障较高的灌水效率和灌水均匀度,而通过调节单宽流量可以取得较高灌水质量,因此确定单宽流量为控制变量。畦灌的最终目标是取得高灌水质量,然而灌水质量是灌水结束后土壤水分分布的反映,不仅与推进过程有关,还与消退过程有关,在灌水阶段无法观测灌水质量。因此,畦灌自适应调控的核心是知道实际推进时间的偏差后如何获得高灌水质量对应的流量调控值(即流量的自适应调控策略),这将在 6.2 节详细介绍。

根据典型畦田的坡度、糙率、入渗参数等自然要素制定最优恒定流量灌水方案,得到期望水流推进曲线,灌溉过程中计算观测点的实际推进时间与期望推进时间的偏差,并根据自适应调控策略进行流量调控。畦灌自适应调控模型的流程图如图 6.2 所示。

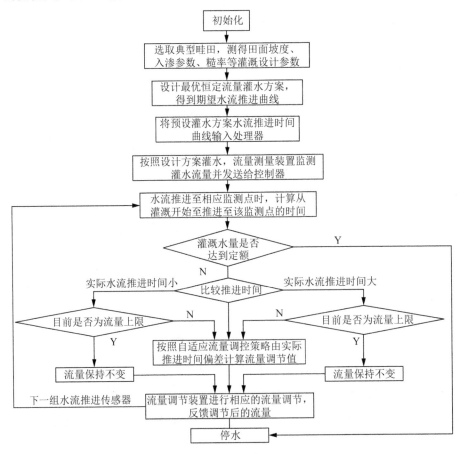

图 6.2　畦灌自适应调控模型流程图

实施自适应调控技术的畦田采用田间水流水位检测装置监测田面水流推进时间,并实时无线传输给信息接收处理器。处理器计算实际推进时间与期望推进时间的差值,并根据流量调控策略计算得到需要调节的流量增量,最后控制流量调节装置进行流量调控。畦灌自适应调控模型的田间应用示意图见图 6.3。

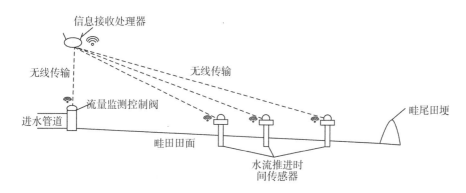

图 6.3　畦灌自适应调控模型田间应用示意图

6.2　基于最优流量的调控策略

6.2.1　田面水流推进监测点的布设

田面水流推进监测点用以监测实际水流推进时间,是进行流量调控的依据。监测点布设过少将导致灌水过程可控性降低,不利于提高灌水质量。监测点布设过多,一方面会增加设备成本,另一方面,由于推进过程对流量调控响应具有较强滞后性,在推进过程对流量调控尚未完全响应阶段布设的监测点会导致无效调控。

由自然要素变异对田面水流运动过程影响规律的研究可知,在推进过程中,自然要素变差对田面水流推进时间的影响随着推进距离增加而逐渐增大,水流推进到 40 m 时,由自然要素变差引起的推进时间变化才较为明显,所以第一个田面水流推进监测点不宜布置在 40 m 之前。

由畦灌水流运动过程对流量调控响应规律的研究可知,流量调节后,水流推进时间的响应具有一定滞后性,即随着田面水流向畦尾推进,由流量调节引起的推进时间偏差才逐渐显现,且流量调节值越小响应距离越长,通常响应距离在 30 m 以内,因此田面水流推进监测点布设间隔宜为 30 m。典型畦长(100 m)下,田面水流推进监测点布设在 40 m 和 70 m 处。

6.2.2 基于畦间入渗系数时空变异性的首次流量调控模拟

在进行流量调控时,存在一个流量调节值使得畦田灌水质量综合值 M 最高,这个调节值定义为流量调节的最优增量 Δq_M,

$$\Delta q_M = q_M - q_B \tag{6.1}$$

式中:Δq_M 为流量调节的最优增量,$L \cdot s^{-1} \cdot m^{-1}$;$q_M$ 为调节后的最优单宽流量,$L \cdot s^{-1} \cdot m^{-1}$;$q_B$ 为调节前的单宽流量,$L \cdot s^{-1} \cdot m^{-1}$。

流量调控要解决的问题即为观测到实际水流推进时间与期望推进时间的偏差 Δt 后,计算相应的流量调节最优增量 Δq_M。运用本书提出的变流量畦灌数值模型,模拟不同畦田自然要素变差情景下最优流量调控,拟合最优流量增量 Δq_M 与推进时间偏差 Δt 间的函数关系。

土壤入渗性能对灌水质量影响较大。为了加强自适应调控模型的普适性,本书选取了高(B-Salahou 畦田)、中(B-2018 畦田)、低(B-Wang 畦田)三组不同入渗性能的典型畦田进行流量调控策略研究,详见图 6.4。B-2018 畦田的坡度、糙率、入渗参数等自然要素获取于 2018 年河北省中科院生态农业试验站内冬小麦拔节灌试验,B-Salahou 畦田自然要素由 Salahou 等人于河北省南皮县冬小麦返青灌试验中测得[5],B-Wang 畦田自然要素由王维汉于河北省吴桥县棉花田畦灌试验中测得[173]。除了土壤入渗性能外,选取的 3 组典型畦田在畦田规格、畦田坡度、田面糙率等方面也均有明显差异,具体畦田自然要素数值见表 6.1。

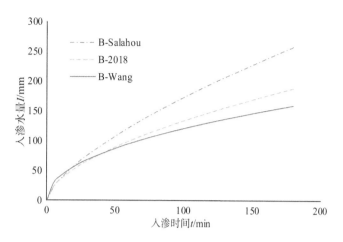

图 6.4 典型畦田的入渗性能

表 6.1 典型畦田自然要素

| 典型畦田编号 | 畦田规格 | | 入渗参数 | | 坡度 z | 糙率 n | 灌水定额 m/mm |
	畦长 L/m	畦宽 D/m	$k/\text{mm} \cdot \text{min}^{-\alpha}$	α			
B-Salahou	100	3.7	7.55	0.68	0.002 5	0.06	60
B-2018	100	3.0	13.94	0.47	0.001 7	0.16	90
B-Wang	110	2.0	9.30	0.58	0.003 4	0.08	60

制定 B-Salahou、B-2018、B-Wang 等 3 组畦田的最优恒定流量畦灌方案（表6.2），并模拟得到此方案的推进曲线，即自适应调控的期望推进曲线（图6.5）。

表 6.2 恒定流量畦灌方案

| 典型畦田编号 | 灌水流量 $q_0/\text{L} \cdot \text{s}^{-1} \cdot \text{m}^{-1}$ | 停水时间 t_T/min | 灌水质量/% | | |
			灌水效率 E_a	灌水均匀度 D_u	储水效率 E_s
B-Salahou	6.2	16.13	97.87	92.60	95.23
B-2018	4.8	31.26	98.19	96.64	97.41
B-Wang	5.8	18.97	96.12	93.34	94.73

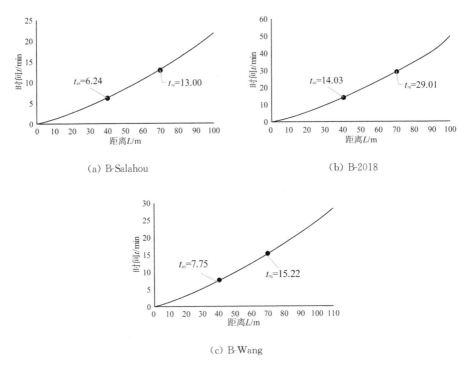

图 6.5　各畦的期望推进曲线以及流量调控处的期望推进时间

由于入渗系数的变异性对田面水流过程及灌水质量影响最大,且在水流推进到 40 m 的过程中,入渗系数畦内变异性对推进过程的影响尚不明显,在进行首次流量调控时"抓住主要矛盾的主要方面",只考虑畦间入渗系数变异性,研究此时 Δq_M 与 Δt 间的函数关系。

试验区畦间入渗系数 k 空间变异系数为 11.8%,年际时间变异系数为 28.9%。考虑最不利情况,模拟的入渗系数变差范围取为 ±30%,得到 B-Salahou、B-2018、B-Wang 等 3 组畦田的入渗系数偏差的情景,采用变流量畦灌数值模型模拟各个入渗系数偏差情景下的最优流量调节方案。

6.2.3　首次流量调控策略

模拟得到 B-Salahou、B-2018、B-Wang 等 3 组畦田的各个入渗系数偏差情景的推进时间偏差、最优调节流量和灌水质量见表 6.3。

表 6.3　40 m 处最优流量调节方案

典型畦田编号	入渗参数 $k/\text{mm} \cdot \text{min}^{-\alpha}$	初始流量 $q_0/\text{L} \cdot \text{s}^{-1} \cdot \text{m}^{-1}$	推进时间偏差 $\Delta t/\text{s}$	调节最优流量 $q_{M1}/\text{L} \cdot \text{s}^{-1} \cdot \text{m}^{-1}$	流量调节最优增量 $\Delta q_{M1}/\text{L} \cdot \text{s}^{-1} \cdot \text{m}^{-1}$	灌水质量综合值 $M/\%$
	8.17	6.2	7.9	7.3	1.1	93.83
	8.79	6.2	17.6	9.5	3.3	93.29
B-Salahou	7.55	6.2	0	6.2	0	94.36
	6.93	6.2	−9.4	4.8	−1.4	95.32
	6.32	6.2	−46.4	3.9	−2.3	95.46
	9.41	6.2	27.7	11.9	5.7	93.06
	15.97	4.8	33.1	12.0	7.2	97.86
	13.69	4.8	−18.7	3.4	−1.4	97.32
B-2018	14.14	4.8	−8.6	3.9	−0.9	97.23
	15.21	4.8	15.5	6.7	1.9	97.42
	16.42	4.8	43.9	17.5	12.7	97.66
	12.93	4.8	−35.3	2.6	−2.2	97.47
	10.23	5.8	14.8	7.5	1.7	93.95
	10.89	5.8	25.6	9.5	3.7	94.20
B-Wang	8.56	5.8	−11.2	4.3	−1.5	94.31
	7.91	5.8	−20.2	3.5	−2.3	94.83
	11.35	5.8	33.5	12.7	6.9	94.38
	7.44	5.8	−26.6	3.2	−2.6	94.72

入渗系数偏差情景下,B-Salahou、B-2018、B-Wang 等 3 组畦田的最优流量调节方案的灌水质量均较高,灌水质量综合值 M 范围为 93.06%～97.86%。统计所有 Δt 和相对应的 Δq_{M1} 进行函数拟合,作为首次流量自适应调控策略的经验模型,结果见图 6.6。

B-Salahou、B-2018、B-Wang 的第一次流量调节的最优流量增量 Δq_{M1} 与推进时间偏差 Δt 间均符合指数型函数关系[式(6.2)],且决定系数 R^2 为 0.939 7,即依据此经验模型可以较为准确地获取首次流量调控的最优流量增量。

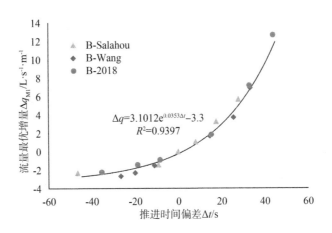

图 6.6　各个典型畦田第一次流量调节(40 m 处)的最优增量

$$\Delta q_{M1} = 3.101\ 2e^{0.035\ 3\Delta t} - 3.3 \qquad (6.2)$$

式中：Δq_{M1} 为首次流量调节的最优增量，$L \cdot s^{-1} \cdot m^{-1}$；$\Delta t$ 为观测点的实际推进时间偏差值，s。

6.2.4　基于畦内自然要素变异性的二次流量调控模拟

由于入渗参数和坡度等自然要素在畦田的不同田段间具有较强变异性，且对灌水质量具有不容忽视的影响，制定流量调控策略时，需要考虑自然要素畦内变异性。研究二次流量调控策略时，用变流量畦灌数值模型模拟了 B-Salahou、B-2018、B-Wang 等 3 组畦田的畦内自然要素偏差的情景：按照前述研究的坡度、入渗参数等自然要素畦内变异规律每 20 m 赋随机值(其中坡度变化范围为 ±50%、入渗系数变化范围为 ±20%、入渗指数变化范围为 ±10%)。糙率一般以整体值进行研究[13,24,50]，畦间糙率的空间变异系数约为 10%、年际时间变异系数约为 20%，考虑最不利情况糙率变化范围取为 ±20%。

模拟过程中，水流推进到 40 m 处时，依照式(6.2)的首次流量调控策略进行第一次流量调控，推进到 70 m 处时，模拟得到各个情景下的第二次最优流量调节方案，结果见表 6.4。

表 6.4　第二次最优流量调节方案

典型畦田编号	初始流量 q_0/ L·s⁻¹·m⁻¹	40 m 推进时间偏差 Δt_1/s	第一次调节最优流量 q_{M1}/ L·s⁻¹·m⁻¹	70 m 推进时间偏差 Δt_2/s	第二次调节最优流量 q_{M2}/ L·s⁻¹·m⁻¹	灌水质量综合值 M/%
	6.2	−6.5	8.1	−13.0	2.0	92.45
	6.2	6.5	5.1	7.6	7.0	94.60
B-Salahou	6.2	−11.8	8.4	−8.6	3.5	94.24
	6.2	4.68	5.4	28.1	7.8	93.35
	6.2	−3.96	5.5	21.6	15.1	94.05
	6.2	−7.56	9.2	−24.1	1.0	91.56
	4.8	15.5	4.0	18.4	13.5	97.07
	4.8	−9.4	5.4	−23.0	0.5	96.13
B-2018	4.8	17.3	3.5	68.0	32.3	97.38
	4.8	−5.0	5.2	−19.4	4.7	95.87
	4.8	−4.3	4.2	31.9	18.5	96.17
	4.8	21.2	3.9	56.5	32.1	97.03
	5.8	19.4	8.5	−32.0	1.0	92.44
	5.8	16.6	7.9	−25.6	2.2	94.48
B-Wang	5.8	−18.4	4.1	7.6	5.5	94.32
	5.8	−13.7	4.4	14.8	6.4	94.72
	5.8	−31.7	3.5	29.2	10.3	91.02
	5.8	−47.9	3.1	41.4	21.1	92.33

　　畦内自然要素偏差情景下,B-Salahou、B-2018、B-Wang 等 3 组畦田的二次最优流量调节方案的灌水质量虽然较无自然要素偏差情景略低,但是灌水质量也是令人满意的,灌水质量综合值 M 范围在 91.02%~97.38%,且平均值达到了 94.40%。

6.2.5 二次流量调控策略

6.2.5.1 二次流量调控模型

用式(6.1)计算第二次流量调节的最优增量 Δq_{M2} 时,调节后的最优流量 q_M 为第二次调节最优流量 q_{M2},但是调节前的流量 q_B 有两个选择:初始流量 q_0 和第一次调节最优流量 q_{M1}。为比较二者区别,分别计算这两种选择的流量增量 Δq_C 和 Δq_Y:

$$\Delta q_C = q_{M2} - q_0 \tag{6.3}$$

$$\Delta q_Y = q_{M2} - q_{M1} \tag{6.4}$$

统计各个情景下 Δq_C、Δq_Y、Δt_2,并分别拟合 Δq_C 与 Δt_2、Δq_Y 与 Δt_2 间的函数关系,结果见图 6.7。

由图 6.7 可知,Δq_Y 与 Δt_2 间的函数关系较 Δq_C 与 Δt_2 更好,这是因为第二次调控流量 q_{M2} 是在上一次调控后流量 q_{M1} 的基础上进行的调控,所以 q_{M2} 与 q_{M1} 的关系较初始流量 q_0 更密切,第二次流量调节的最优流量增量 Δq_{M2} 选用 Δq_Y。此外,在 70 m 处各个情景的推进时间偏差值并未显著大于 40 m 处的推进时间偏差值(图 6.6),与恒定流量下得出的"随着田面水流向畦尾推进,设计系数变差对田面水流推进时间的影响逐渐增大"的结论不一致。这是因为在 40 m 处已经针对推进时间偏差值进行过相应的流量调控,一定程度上"弥补"了自然要素变差的影响,所以 70 m 处推进时间偏差值并没有远大于 40 m 处的推进时间偏差值。

第二次流量调节(70 m 处)的最优流量增量 Δq_{M2} 与推进时间偏差 Δt 间的经验模型为式(6.5)。另外,在灌溉过程中如果灌水量在水流尚未推进到 70 m 处已到达定额,应停止灌水,也就无需在 70 m 处进行流量调控。

$$\Delta q_{M2} = 25.851 e^{0.011\,3\Delta t} - 26 \tag{6.5}$$

式中:Δq_{M2} 为第二次流量调节的最优增量,$L \cdot s^{-1} \cdot m^{-1}$;$\Delta t$ 为观测点的实际推进时间偏差值,s。

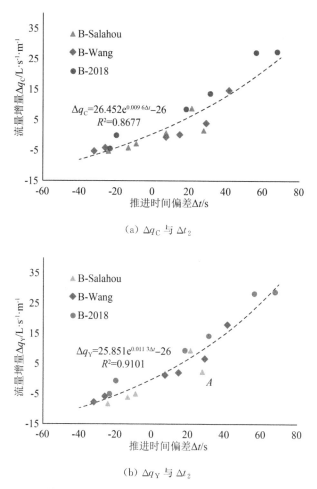

（a）Δq_{C} 与 Δt_2

（b）Δq_{Y} 与 Δt_2

图 6.7 第二次流量调节(70m 处)的流量增量与推进时间偏差

6.2.5.2 偏差分析

第二次流量调控拟合的经验模型的 R^2 为 0.910 1,部分点存在一定程度的偏差。以偏差最大的 A 点[图 6.7(b)]为例,研究拟合的经验模型的偏差对最终灌水质量的影响。该点对应的模拟情景的 B-Salahou 畦田自然要素变差见表 6.5。

表 6.5　模拟情景的畦田自然要素

畦段/m	入渗系数 $k/\text{mm} \cdot \text{min}^{-a}$	入渗指数 α	畦田坡度 z	田面糙率 n
0~20	7.59	0.67	0.002 8	0.05
20~40	8.11	0.66	0.002 2	0.05
40~60	8.25	0.66	0.001 6	0.05
60~80	8.05	0.67	0.002 4	0.05
80~100	6.94	0.69	0.002 1	0.05
均值	7.79	0.67	0.002 3	0.05

自适应流量调控的步骤如下:

(1) 对此情景进行模拟,得到 40 m 处实际推进时间为 6.14 min,而期望推进曲线[图 6.5(a)]中灌溉水流到达 40 m 处的期望推进时间为 6.24 min,计算推进时间偏差值为 -6.0 s;

(2) 按照式(6.2)计算得 40 m 处流量调节增量为 -0.8 L·s⁻¹·m⁻¹,调节后的流量为 6.7 L·s⁻¹·m⁻¹;

(3) 进行相应调节后,水流推进到 70 m 处的实际推进时间为 13.47 min,而期望推进曲线中水流到达 70 m 处的期望推进时间为 13.00 min,计算推进时间偏差值为 28.2 s;

(4) 按照式(6.5)计算得流量调节增量为 9.6 L·s⁻¹·m⁻¹,调节后的流量为 15.0 L·s⁻¹·m⁻¹,灌水量达到定额时停水。

依照研究得到的实际最优方案与由拟合经验模型计算方案得到的灌水技术要素与灌水质量详见表 6.6。

表 6.6　拟合方案与实际最优方案的灌水技术要素与灌水质量

	灌水技术要素与灌水质量	实际最优方案	经验模型计算方案
灌水技术要素	初始流量 $q_0/\mathrm{L} \cdot \mathrm{s}^{-1} \cdot \mathrm{m}^{-1}$	6.2	6.2
	40 m 实际推进时间 t_{40}/min	6.14	6.14
	40 m 调节后流量 $q_1/\mathrm{L} \cdot \mathrm{s}^{-1} \cdot \mathrm{m}^{-1}$	5.4	5.4
	70 m 实际推进时间 t_{70}/min	13.47	13.47
	70 m 调节后流量 $q_2/\mathrm{L} \cdot \mathrm{s}^{-1} \cdot \mathrm{m}^{-1}$	7.8	15.0
	停水时间 $t_\mathrm{T}/\mathrm{min}$	16.39	14.98
	停水距离 $L_\mathrm{T}/\mathrm{min}$	79.6	74.4
灌水质量	灌水效率 $E_\mathrm{a}/\%$	95.40	94.15
	灌水均匀度 $D_\mathrm{u}/\%$	92.45	91.76
	综合指标 $M/\%$	93.91	92.95

实际最优方案的第二次流量调节增量为 $2.4\ \mathrm{L} \cdot \mathrm{s}^{-1} \cdot \mathrm{m}^{-1}$,小于经验模型计算方案的 $9.6\ \mathrm{L} \cdot \mathrm{s}^{-1} \cdot \mathrm{m}^{-1}$。这是因为此模拟情景 60 m～80 m 畦段的入渗系数为 $8.05\ \mathrm{mm} \cdot \mathrm{min}^{-\alpha}$,80 m～100 m 畦段的入渗系数为 $6.94\ \mathrm{mm} \cdot \mathrm{min}^{-\alpha}$,后者的入渗性能小,水流在此畦段推进会变快。实际最优方案是以 $0.1\ \mathrm{L} \cdot \mathrm{s}^{-1} \cdot \mathrm{m}^{-1}$ 的步长模拟了所有流量调控可能而得到的灌水质量综合值最高的方案,所以势必得到一个较小的流量增量以保证田面水流不会由于推进过快而在畦尾大量积水。而经验模型计算方案是通过 70 m 处的推进时间来计算流量增量,实质上是用此前畦段的自然要素预测此后畦段的自然要素,而此前畦段的入渗性能较大,所以计算得到的流量增量偏大。

另一方面,经验模型计算方案与实际最优方案均在 70 m 处进行流量调控后不久就停水了,第二次调节流量的灌水时间持续较短,在整个灌溉过程中占比较低,对灌水质量的影响较小,这也在一定程度上放大了 2 个方案流量增量的差别。同样的,这个原因也导致了虽然这 2 个方案的流量增量差别较大,但是二者的灌水质量差别并不大,灌水效率、灌水均匀度以及灌水质量的差别均在 1% 左右。

6.2.5.3　流量调控限制

在实际地面灌溉过程中,灌水流量通常被限制在一定范围内,以保证土壤

不被冲蚀。本书以最不利情况(即疏松的轻壤土),计算畦灌的不冲流速[216]以及灌水流量上限:

$$q_{cs} = V_{cs}h = 0.6 \times R^a h \tag{6.6}$$

式中:q_{cs} 为畦灌不冲蚀土壤条件下最大单宽流量,L·s^{-1}·m^{-1};V_{cs} 为畦灌不冲流速,m/s;h 为畦灌田面水深,m;R 为畦灌田面水流水力半径,m;a 为不冲流速指数,无量纲。

在畦灌过程中,由于入渗和糙率的影响,田面水流的流速从畦首向畦尾逐渐减小,本书以流速最大的畦首进行计算。流量较大时,畦首水深通常在0.1~0.2 m,本书取不利情况计算(0.1 m)。由于畦宽远大于水深,所以田面水流的水力半径近似为水深。对于疏松的轻壤土,不冲流速指数 a 取为 0.33[216]。

通过式(6.6)计算得到畦灌不冲单宽流量为28.1 L·s^{-1}·m^{-1}。本书将调节后的流量的上限设置为 20.0 L·s^{-1}·m^{-1}。同时,为了避免流量调节后成为负值的情况,调节后的流量的下限设置为 1.0 L·s^{-1}·m^{-1}。

6.3　模型敏感性分析

在地面灌溉过程中,可能导致灌水质量低于预期的因素有很多,包括入渗参数、田面糙率、畦田坡度等自然要素的变异性以及灌水流量的控制误差等。敏感性分析是令这些因素在一定范围内变动,以观察灌水质量的变化情况,从而评估畦灌自适应调控模型在这些因素干扰下是否仍然可靠。

6.3.1　模型对自然要素的敏感性

在保持其余自然要素不变的情况下,依次将入渗系数、畦田坡度和田面糙率偏离原值+10%、+20%、-10%、-20%,并用变流量畦灌数值模型对这些情景的自适应流量调控畦灌进行模拟,以分析自适应流量调控模型对入渗系数、畦田坡度和田面糙率等自然要素的敏感性。各个模拟情景的具体自然要素见表 6.7。

表 6.7 各个模拟情景的灌溉自然要素值

编号	模拟情景	畦田自然要素				灌水定额 m/mm
		入渗参数		坡度 z	糙率 n	
		k/mm·min$^{-\alpha}$	α			
BS0	原自然要素值	13.94	0.47	0.001 7	0.16	90
BS1	入渗系数+10%	15.33	0.47	0.001 7	0.16	90
BS2	入渗系数+20%	16.73	0.47	0.001 7	0.16	90
BS3	入渗系数−10%	12.55	0.47	0.001 7	0.16	90
BS4	入渗系数−20%	11.15	0.47	0.001 7	0.16	90
BS5	畦田坡度+10%	13.94	0.47	0.001 9	0.16	90
BS6	畦田坡度+20%	13.94	0.47	0.002 0	0.16	90
BS7	畦田坡度−10%	13.94	0.47	0.001 5	0.16	90
BS8	畦田坡度−20%	13.94	0.47	0.001 4	0.16	90
BS9	田面糙率+10%	13.94	0.47	0.001 7	0.18	90
BS10	田面糙率+20%	13.94	0.47	0.001 7	0.19	90
BS11	田面糙率−10%	13.94	0.47	0.001 7	0.14	90
BS12	田面糙率−20%	13.94	0.47	0.001 7	0.13	90

依照自适应流量调控的步骤，运用变流量畦灌数值模型，首先模拟得到原自然要素情景下的期望推进曲线［图 6.5(b) 已经给出］，然后模拟各个自然要素变差情景得到 40 m 处的实际田面水流推进时间 t_{40}，计算其与期望推进时间的偏差值 Δt_1，并按照流量调控经验模型［式(6.2)］计算最优流量增量 Δq_{M1}，再模拟流量调节得到 70 m 处的实际田面水流推进时间 t_{70}，计算其与期望推进时间的偏差值 Δt_2，并按照流量调控经验模型［式(6.5)］计算最优流量增量 Δq_{M2}，灌水量达到定额后停水。具体各个情景的自适应流量调控方案见表 6.8。

表 6.8　各个模拟情景的自适应流量调控方案

编号	模拟情景	初始流量 q_0/L·s^{-1}·m^{-1}	距畦首 40 m 处		距畦首 70 m 处		停水时间 t_T/min
			推进时间 t_{40}/min	调节后流量 q_1/L·s^{-1}·m^{-1}	推进时间 t_{70}/min	调节后流量 q_2/L·s^{-1}·m^{-1}	
BS0	原自然要素	4.8	14.03	—	29.01	—	31.26
BS1	入渗系数＋10％	4.8	14.52	10.3	—	22.32	—
BS2	入渗系数＋20％	4.8	14.88	20.0	—	18.81	—
BS3	入渗系数－10％	4.8	13.49	2.5	32.21	20.0	34.13
BS4	入渗系数－20％	4.8	12.90	1.8	31.80	20.0	34.50
BS5	畦田坡度＋10％	4.8	13.09	3.9	29.70	19.2	30.83
BS6	畦田坡度＋20％	4.8	13.81	3.4	30.80	20.0	32.07
BS7	畦田坡度－10％	4.8	14.10	5.1	28.93	3.6	30.73
BS8	畦田坡度－20％	4.8	14.26	6.6	—	26.64	—
BS9	田面糙率＋10％	4.8	14.16	5.6	28.74	1.1	29.07
BS10	田面糙率＋20％	4.8	15.06	20.0	—	18.95	—
BS11	田面糙率－10％	4.8	13.80	3.4	30.78	20.0	32.08
BS12	田面糙率－20％	4.8	13.38	2.3	32.76	20.0	34.82

注：设置的流量调节范围为 1.0～20.0 L·s^{-1}·m^{-1}；BS1、BS2、BS8 和 BS10 畦灌水流尚未推进到 70 m 处就因灌水量已到达定额而停水，因此没有在 70 m 处进行流量调控。

统计入渗系数 k、畦田坡度 z 和田面糙率 n 等自然要素变差±10％、±20％的情景下自适应流量调控畦灌的灌水质量，包括灌水效率 E_a、灌水均匀度 D_u、储水效率 E_s 和灌水质量综合值 M，见图 6.8。变差±10％的情景下，k 和 n 对模型的影响相同且均大于 z，±20％的情景下，k 对模型的影响显著大于 n 和 z。总体而言，模型对自然要素的敏感性排序依次为 k、n、z，这与传统恒定流量畦灌一致。但是与恒定流量畦灌相比，k、n、z 等自然要素变差情景下，自适应调控畦灌仍保持了较高的灌水质量。k、n、z 变差±10％情景的 E_a、D_u、E_s 和 M 均大于 95％，除 k 变差±20％情景的 D_u（88.07％）外，变差±20％情景的 E_a、D_u、E_s 和 M 均大于 90％。

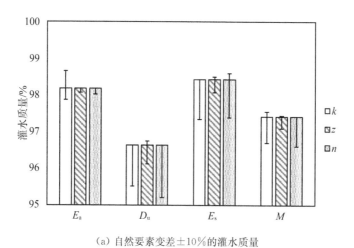

（a）自然要素变差±10%的灌水质量

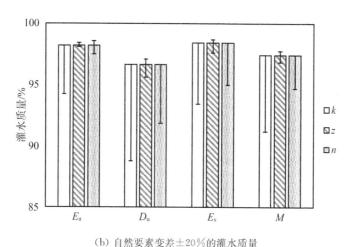

（b）自然要素变差±20%的灌水质量

图 6.8　自然要素变差对畦灌自适应调控模型灌水质量的影响

6.3.2　模型对灌水流量的敏感性

目前在地面灌溉过程中，调节流量主要依靠变频电机实现，在进行流量调控时通常存在流量调控误差。为分析畦灌自适应调控模型对流量调控误差的敏感性，选择对灌水质量影响最大的入渗系数偏差情景（BS1～BS4），模拟分析调控流量偏离±10%下的灌水质量。依照自适应流量调控的步骤，得到各个情景下具体的自适应调控方案，结果见表 6.9。

表 6.9　流量变差情景的自适应调控方案

编号	模拟处理	初始流量 q_0/L·s^{-1}·m^{-1}	距畦首 40 m 处		距畦首 70 m 处		停水时间 t_T/min
			推进时间 t_{40}/min	调节后流量 q_1/L·s^{-1}·m^{-1}	推进时间 t_{70}/min	调节后流量 q_2/L·s^{-1}·m^{-1}	
BS1	流量无变差	4.8	14.52	10.3	—		22.32
	流量+10%	4.8	14.52	11.3	—		21.62
	流量−10%	4.8	14.52	9.3	—		23.20
BS2	流量无变差	4.8	14.88	20.0	—		18.81
	流量+10%	4.8	14.88	22.0	—		19.25
	流量−10%	4.8	14.88	18.0	—		18.45
BS3	流量无变差	4.8	13.49	2.5	32.21	20.0	34.13
	流量+10%	4.8	13.49	2.8	31.14	22.0	32.70
	流量−10%	4.8	13.49	2.3	29.70	18.0	35.03
BS4	流量无变差	4.8	12.90	1.8	31.80	20.0	34.50
	流量+10%	4.8	12.90	2.0	31.50	22.0	33.83
	流量−10%	4.8	12.90	1.6	32.82	18.0	35.92

注:设置的流量调节范围为 1.0~20.0 L·s^{-1}·m^{-1};BS1、BS2 畦灌水流尚未推进到 70 m 处就因灌水量已到达定额而停水,因此没有在 70 m 处进行流量调控。

统计 BS1~BS4 调控流量变差±10%情景下自适应调控畦灌的灌水效率 E_a、灌水均匀度 D_u、储水效率 E_s 和灌水质量综合值 M,具体结果见图 6.9。调控流量变差±10%情景下,自适应调控畦灌的灌水质量变化较小,E_a、D_u、E_s 和 M 变化范围都在 3%以内。除了 BS2 和 BS4 的 D_u(BS2 的最小 D_u 值为 86.40%,BS4 的最小 D_u 值为 87.37%)外,其余情景的 E_a、D_u、E_s 和 M 均大于 90%。这表明畦灌自适应调控模型对调控流量的敏感性较低,即使流量调控存在一定误差,自适应调控畦灌仍能取得较高的灌水质量。因此,畦灌自适应调控模型在实际应用时,可以适当放宽对流量调控精准度的要求,这也大大降低了自适应调控畦灌的设备成本。

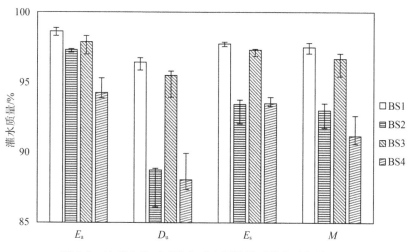

图 6.9　流量变差对畦灌自适应调控模型灌水质量的影响

6.3.3　模型对畦田规格的敏感性

畦田规格虽然可以人为设定,但部分地区受地形、坡度、灌溉水源、农机作业等条件影响,畦田规格通常有较大差异。由于畦宽远远小于畦长,所以畦灌田面水流通常简化为沿畦长方向的一维流动,因此畦宽的影响可以忽略。本书模拟了 150 m畦长和 200 m 畦长两种情景以研究畦灌自适应调控模型对畦田规格的敏感性。

须注意的是,畦长的设定与畦田坡度密切相关,更长的畦长势必与更陡的坡度对应,这样才能保证灌溉水流顺利推进到畦尾。因此,将 150 m 长的畦田的坡度调整为 0.002 5,200 m 长的畦田的坡度调整为 0.004。

依照自适应流量调控的步骤,运用变流量畦灌数值模型,首先模拟得到40 m 处的实际田面水流推进时间 t_{40},并按照流量调控经验模型[式(6.2)]计算调节后的流量 q_1,再模拟流量调节得到 70m 处的实际田面水流推进时间 t_{70},并按照流量调控经验模型[式(6.5)]计算调节后的流量 q_2,然后模拟流量调节得到 100 m 处的实际田面水流推进时间 t_{100},并按照流量调控经验模型[式(6.5)]计算调节后的流量 q_3……就这样模拟得到随后每隔 30 m 的实际田面水流推进时间及调节后的流量,直至灌水量达到定额而停水。得到各个情景下具体的畦灌自适应调控方案,结果见表 6.10。

表6.10 不同畦长情景的自适应调控方案

畦长	模拟情景	初始流量 q_0/L·s⁻¹·m⁻¹	距畦首40 m处		距畦首70 m处		距畦首100 m处		距畦首130 m处		距畦首160 m处		停水时间 t_T/min
			推进时间 t_{40}/min	调节后流量 q_1/L·s⁻¹·m⁻¹	推进时间 t_{70}/min	调节后流量 q_2/L·s⁻¹·m⁻¹	推进时间 t_{100}/min	调节后流量 q_3/L·s⁻¹·m⁻¹	推进时间 t_{130}/min	调节后流量 q_4/L·s⁻¹·m⁻¹	推进时间 t_{160}/min	调节后流量 q_5/L·s⁻¹·m⁻¹	
150 m	BS0	6.6	10.68	—	21.30	—	34.09	—					34.10
	BS1	6.6	10.86	7.8	21.45	10.5							28.18
	BS2	6.6	11.04	9.9	21.20	8.1							27.55
	BS3	6.6	10.32	4.7	21.37	5.8	35.90	20					36.92
	BS4	6.6	9.88	3.9	21.18	1.7	39.20	20					43.48
200 m	BS0	8.6	8.47	—	16.61	—	25.54	—					34.88
	BS1	8.6	8.70	10.3	16.71	12.0	25.20	6.5					31.38
	BS2	8.6	8.82	11.8	16.68	12.9	24.78	2.3	32.22	1.0	41.26	1.0	41.76
	BS3	8.6	8.26	7.3	16.31	2.5	25.92	9.9	44.70	20.0	—	—	40.77
	BS4	8.6	8.05	6.6	15.89	1.0	25.76	5.1					48.38

注：设置的流量调节范围为1.0~20.0 L·s⁻¹·m⁻¹；BS1~BS4情景"—"表示水流未推进到此处就因灌水量已到达定额而停水，因此没有在此处进行流量调控。

　　统计畦长 150 m 和 200 m 的畦田分别在入渗系数变差＋10％、＋20％、－10％和－20％情景下自适应调控畦灌的灌水质量,结果见表 6.11。除了 200 m 畦长 BS2 情景的 D_u(84.07％)外,其余的 E_a、D_u、E_s 和 M 均在 85％以上,且大部分在 90％以上。这表明畦灌自适应调控模型在 150 m 和 200 m 的畦田中也取得了较好的灌水质量,但是与自然要素变差、流量变差相比,畦长变差下的灌水质量下降幅度略大。

表 6.11　不同畦长自适应调控畦灌的灌水质量

畦长	模拟情景	灌水质量/%			
		E_a	D_u	E_s	M
150 m	BS0	97.76	95.75	97.73	96.75
	BS1	96.29	91.00	93.57	93.61
	BS2	92.92	89.93	93.43	91.41
	BS3	95.24	91.98	96.36	93.60
	BS4	93.84	89.53	93.89	91.66
200 m	BS0	99.09	97.92	98.81	98.50
	BS1	96.11	92.85	99.81	94.47
	BS2	91.32	84.07	99.93	87.62
	BS3	93.58	88.95	95.48	91.24
	BS4	91.56	85.63	92.07	88.55

6.4　模型验证与讨论

　　畦灌自适应调控模型的大田验证试验于 2019 年在河北省沧州市中国科学院南皮生态农业试验站冬小麦试验田开展。试验区畦田规格均为典型 100 m×3 m,畦尾封闭。试验设置了传统畦灌与自适应调控畦灌各 3 组,分别编号为 BC1～BC3 和 BT1～BT3。另外随机选择一条畦田,测量根系层的土壤灌水前含水率,计算得到此次灌水定额为 100 mm,即每条畦田灌水 30 m³;测得畦田坡度 z＝0.002,入渗参数为 k＝15.98 mm·min⁻ᵃ,α＝0.43,糙率 n＝0.25,模拟得到最优恒定畦灌流量为 5.0 L·s⁻¹·m⁻¹。传统畦灌组按照当地常用拔节灌的灌水技术方案(单宽流量 $5.0 L \cdot s^{-1} \cdot m^{-1}$,八成改水)进行灌溉。自适应调控畦灌组运用本书提出的自适应调控模型指导灌水,期望推进曲线见图 6.10。由于流量控制误差,实际灌水流量与设计值有所出入,具体测量结果见表 6.12。

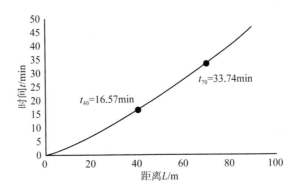

图 6.10　期望推进曲线以及流量调控处的期望推进时间

表 6.12　各个试验畦田实际灌水技术要素统计

| 编号 | 初始流量 q_0/L· $s^{-1} \cdot m^{-1}$ | 距畦首 40 m 处 | | 距畦首 70 m 处 | | 停水时间 t_T/min | 改水成数 |
		推进时间 t_{40}/min	调节后流量 q_1/L·$s^{-1} \cdot m^{-1}$	推进时间 t_{70}/min	调节后流量 q_2/L·$s^{-1} \cdot m^{-1}$		
BC1	4.8	—	—	—	—	—	八成
BC2	5.1	—	—	—	—	—	八成
BC3	4.7	—	—	—	—	—	八成
BT1	4.8	16.92	6.7	—	—	29.70	—
BT2	4.5	17.16	12.1	—	—	24.67	—
BT3	5.3	15.96	2.9	35.58	16.7	37.18	—

由灌水前后土壤根系层含水率计算各畦的灌水效率 E_a、灌水均匀度 D_u、储水效率 E_s 和灌水质量综合值 M,计算结果见图 6.11。

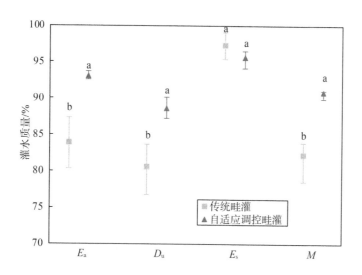

图 6.11　传统畦灌与自适应调控畦灌的灌水质量比较

（灌溉指标上不同字母标记 a、b 表示经独立样本 t 检验，在 $p=0.05$ 水平上差异显著）

　　自适应调控畦灌的各项灌水质量指标均较高，除了灌水均匀度 D_u（D_u 范围为 87.21%～90.13%）外，各畦的灌水效率 E_a、储水效率 E_s 和灌水质量综合值 M 值皆在 90% 以上，E_a、D_u、E_s 的平均值分别为 93.03%、88.57%、95.57%。由于传统畦灌的灌水量较大，传统畦灌的 E_s 与自适应调控畦灌相当甚至略高一点。而自适应调控畦灌的 E_a、D_u、M 均显著高于传统畦灌，各项平均值分别高出 10.8%、9.9% 和 10.4%。

　　Khatri 等[217]通过模拟得到实时调控灌溉模型的灌水质量如下：E_a、D_u 和 E_s 分别为 90.5%、91.4% 和 93.5%。Koech 等[218]通过大田实验测得他们提出的实时调控灌溉模型的 E_a、D_u 和 E_s 平均值分别为 73.4%、88.36% 和 98.18%。Khatri 和 Smith[200]开发的实时调控沟灌系统的 E_a、D_u 和 E_s 分别为 82.1%、90.2% 和 92.5%。这些实时调控灌溉模型实质都是在灌水过程中监测一段地表水流推进过程，估算此畦段的土壤入渗性能等自然要素，并将此畦段的自然要素当做整条畦田的自然要素来模拟灌溉过程进而确定最佳的灌水流量或停水时间。本书提出的畦灌自适应调控模型的灌水质量略高于这些实时调控灌溉模型，这是因为实时调控灌溉模型忽略了自然要素在同一条畦田内的空间变异性。此外,自适应调控畦灌与实时调控灌溉在数据监测、数据计算、设备要求等方面也有一定区别,具体对比见表 6.13。同实时调控灌溉相比,本书提出的畦灌自适应调控模型无需在灌水过程中实时反演入渗参数、模拟灌水过程,因而计算简单,对设备要求较低,实用性更强。

表 6.13　畦灌自适应调控模型与实时调控灌溉模型对比

对比	畦灌自适应调控模型	实时调控灌溉模型
监测点布设	首个监测点设置在 40 m 处、其后监测点布设间隔为 30 m	监测点集中于畦田前段(不少于 60 m)、布设间隔通常为 10 m[180]
监测目的	确定实际推进时间偏离期望推进曲线的差值	获取畦田前段的田面水流推进过程
数据计算	由推进时间偏差值计算最优流量调节值(一元指数型函数)	由畦田前段水流推进过程计算土壤入渗参数,并不断模拟完整灌溉过程确定最佳的流量或停水时间(无解析解的二元偏微分方程组)
设备及其要求	水流推进时间传感器(100 m 长的典型畦田需要 2 个)、简单的计算设备(如单片机)	水流推进时间传感器(100 m 长的典型畦田需要 6 个)、能迅速完成较复杂运算的计算设备

此外,在畦灌自适应调控模型对灌水流量的敏感性分析中发现,存在流量变差反而提高了最终灌水质量的情况,这是因为流量自适应调控值是用拟合的经验公式计算得到的,计算结果并不一定是真实的最优流量增量。另外,畦长变差下的灌水质量下降幅度较自然要素变差、流量变差下的大,这说明在非典型畦长畦田中直接套用自适应流量调控的经验公式会有一定误差。因此,在畦灌自适应调控模型的实际应用中(特别是非典型畦长时)可以通过模型强化学习,进一步提高自适应调控畦灌的灌水质量。

对一片农田进行灌水时,先按照给出的流量调控策略[式(6.2)和式(6.5)]进行自适应调控畦灌并计算灌水质量综合值,如果出现某一条畦田的灌水质量综合值 M 大于样本库中最小的灌水质量综合值 M_{min},则将此畦田的流量调控值加入流量调控策略的样本库,实时优化流量调控策略,并用新的流量调控策略指导下一条畦田的灌溉,具体流程如图 6.12 所示。

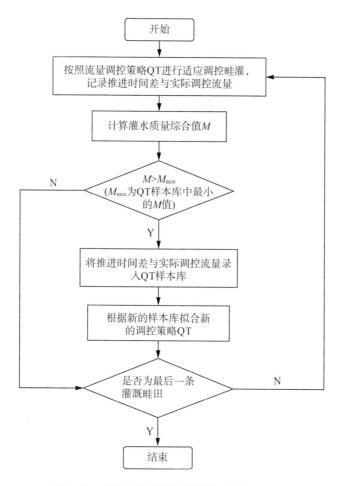

图 6.12 畦灌自适应调控模型强化学习流程图

参考文献

［1］XU J，CAI H，SADDIQUE Q，et al. Evaluation and optimization of border irrigation in different irrigation seasons based on temporal variation of infiltration and roughness［J］. Agricultural Water Management，2019，214：64-77.

［2］史源，白美健，李益农，等. 基于 SISM 模型和畦灌技术的冬小麦最小灌水定额研究［J］. 农业机械学报，2021，52(8)：278-286.

［3］NIE W B，LI Y B，ZHANG F，et al. A Method for Determining the Discharge of Closed-End Furrow Irrigation Based on the Representative Value of Manning's Roughness and Field Mean Infiltration Parameters Estimated Using the PTF at Regional Scale［J］. Water，2018，10 (12)：1825.

［4］郑和祥，史海滨，程满金，等. 畦田灌水质量评价及水分利用效率分析［J］. 农业工程学报，2009，(6)：1-6.

［5］SALAHOU M K，JIAO X，LÜ H. Border irrigation performance with distance-based cut-off［J］. Agricultural Water Management，2018，201：27-37.

［6］史学斌. 畦灌水流运动数值模拟与关中西部灌水技术指标研究［D］. 咸阳：西北农林科技大学，2005.

［7］吴彩丽. 基于实时地表水流推进数据反馈控制畦灌过程的机理与方法［D］. 北京：中国水利水电科学研究院，2015.

［8］虞晓彬，缴锡云，许建武. 基于 SRFR 模型的畦灌技术要素非劣解［J］. 灌溉排水学报，2013，32(2)：44-47.

［9］雷国庆，樊贵盛. 畦灌灌水技术参数实用优化模型研究［J］. 人民黄河，

2017，39(7)：149-152.

[10] ZERIHUN D, FEYEN J, REDDY J M. Sensitivity analysis of furrow-irrigation performance parameters[J]. Journal of Irrigation and Drainage Engineering-asce，1996，122(1)：49-57.

[11] GONZALEZ C R, CERVERA L, MORETFERNANDEZ D. Basin irrigation design with longitudinal slope [J]. Agricultural Water Management，2011，98(10)：1516-1522.

[12] MACHIWAL D, JHA M K, MAL B C. Modelling infiltration and quantifying spatial soil variability in a wasteland of Kharagpur, India [J]. Biosystems Engineering，2006，95(4)：569-582.

[13] 王维汉，缴锡云，朱艳，等. 畦灌糙率系数的变异规律及其对灌水质量的影响[J]. 中国农学通报，2009，25(16)：288-293.

[14] FEKERSILLASSIE D, EISENHAUER D. Feedback-controlled surge irrigation：I. Model development[J]. Transactions of the ASAE，2000，43(6)：1621.

[15] RUTH U A, KELECHI K I, TIMOTHY O C, et al. Application of Kostiakov's infiltration model on the soils of Umudike, Abia State-Nigeria[J]. American Journal of Environmental Engineering，2014，4(1)：1-6.

[16] GILLIES M H, SMITH R. Infiltration parameters from surface irrigation advance and run-off data[J]. Irrigation Science，2005，24(1)：25-35.

[17] 白美健，许迪，李益农，等. 地面灌溉土壤入渗参数时空变异性试验研究[J]. 水土保持学报，2005，19(5)：120-123.

[18] 姜娜，邵明安，雷廷武. 水蚀风蚀交错带坡面土壤入渗特性的空间变异及其分形特征[J]. 土壤学报，2005，42(6)：904-908.

[19] LAI J, REN L. Assessing the size dependency of measured hydraulic conductivity using double-ring infiltrometers and numerical simulation

［J］. Soil Science Society of America Journal，2007，71(6)：1667-1675.

［20］SHEPARD J, WALLENDER W, HOPMANS J. One-point method for estimating furrow infiltration［J］. Transactions of the ASAE, 1993, 36(2)：395-404.

［21］ELLIOTT R, WALKER W. Field evaluation of furrow infiltration and advance functions［J］. Transactions of the ASAE, 1982, 25(2)：396-0400.

［22］MAHESHWARI B, TURNER A, MCMAHON T, et al. An optimization technique for estimating infiltration characteristics in border irrigation［J］. Agricultural Water Management, 1988, 13(1)：13-24.

［23］缴锡云，雷志栋，张江辉. 估算土壤入渗参数的改进 Maheshwari 法［J］. 水利学报，2001，(1)：62-67.

［24］董孟军，白美健，李益农，等. 地面灌溉土壤入渗参数及糙率系数确定方法研究综述［J］. 灌溉排水学报，2010，(1)：129-132.

［25］MAHAPATRA S, JHA M K, BISWAL S, et al. Assessing variability of infiltration characteristics and reliability of infiltration models in a tropical sub-humid region of India［J］. Scientific Reports, 2020, 10(1)：1-18.

［26］MATEOS L, OYONARTE N A. A spreadsheet model to evaluate sloping furrow irrigation accounting for infiltration variability［J］. Agricultural Water Management, 2005, 76(1)：62-75.

［27］GILLIES M H. Managing the effect of infiltration variability on the performance of surface irrigation［D］. Brisbane：University of Southern Queensland, 2008.

［28］丁秋生. 土壤入渗能力对灌溉效果的影响研究［J］. 中国农村水利水电，2006，(9)：15-17.

［29］樊贵盛，迟久鉴. 土壤入渗特性的季节性变化对灌溉效果的影响研究

［J］. 水土保持研究，1996，（3）：35-41.

［30］ BAUTISTA E，WALLENDER W. Spatial variability of infiltration in furrows［J］. Transactions of the ASAE，1985，28(6)：1846-1851.

［31］ ZAPATA N，PLAYAN E. Simulating elevation and infiltration in level-basin irrigation［J］. Journal of Irrigation and Drainage Engineering，2000，126(2)：78-84.

［32］ TROUT T J，MACKEY B E. Furrow inflow and infiltration variability ［J］. Transactions of the ASAE，1988，31(2)：531-0537.

［33］ 何锦，付雷，刘元晴，等. 区域尺度下土壤入渗特征参数的空间变异性研究［J］. 节水灌溉，2015，（9）：23-26.

［34］ OYONARTE N，MATEOS L，PALOMO M. Infiltration variability in furrow irrigation［J］. Journal of Irrigation and Drainage Engineering，2002，128(1)：26-33.

［35］ OYONARTE N，MATEOS L. Accounting for soil variability in the evaluation of furrow irrigation［J］. Transactions of the ASAE，2003，46(1)：85.

［36］ 聂卫波，费良军，马孝义. 土壤入渗特性和田面糙率的变异性对沟灌性能的影响［J］. 农业机械学报，2014，45(1)：108-114.

［37］ 朱艳，缴锡云，王维汉，等. 畦灌土壤入渗参数的空间变异性及其对灌水质量的影响［J］. 灌溉排水学报，2009，28(3)：46-49.

［38］ SCHWANKL L，RAGHUWANSHI N，WALLENDER W. Furrow irrigation performance under spatially varying conditions［J］. Journal of Irrigation and Drainage Engineering，2000，126(6)：355-361.

［39］ 雷国庆，樊贵盛. 畦灌灌水效果对土壤入渗参数的敏感性研究［J］. 人民黄河，2017，39(6)：138-141.

［40］ 聂卫波，费良军，马孝义. 基于土壤入渗参数空间变异性的畦灌灌水质量评价［J］. 农业工程学报，2012，28(1)：100-105.

［41］ BAI M，XU D，LI Y，et al. Coupled impact of spatial variability of infiltration and microtopography on basin irrigation performances[J]. Irrigation Science, 2017, 35(5): 437-449.

[42] 白美健, 许迪, 李益农. 不同微地形条件下入渗空间变异对畦灌性能影响分析[J]. 水利学报, 2010, 41(6): 732-738.

[43] 蔡焕杰, 徐家屯, 王健, 等. 基于 WinSRFR 模拟灌溉农田土壤入渗参数年变化规律[J]. 农业工程学报, 2016, 32(2): 92-98.

[44] 聂卫波, 费良军, 马孝义. 根据水流运动过程推求土壤入渗参数和田面糙率的研究[J]. 干旱地区农业研究, 2011, 029(001): 48-52.

[45] 王全九, 王文焰, 张江辉, 等. 根据畦田水流推进过程水力因素确定 Philip 入渗参数和田面平均糙率[J]. 水利学报, 2005, 36(1): 125-128.

[46] WALKER W R. Multilevel calibration of furrow infiltration and roughness[J]. Journal of Irrigation and Drainage Engineering, 2005, 131(2): 129-136.

[47] 章少辉, 许迪, 李益农, 等. 基于 SGA 和 SRFR 的畦灌入渗参数与糙率系数优化反演模型（Ⅰ）—模型建立[J]. 水利学报, 2006, 37(11): 1297-1302.

[48] 章少辉, 许迪, 李益农, 等. 基于 SGA 和 SRFR 的畦灌入渗参数与糙率系数优化反演模型 Ⅱ-模型应用[J]. 水利学报, 2007, 38(4): 402-408.

[49] 王耀飞, 缴锡云, 王志涛. 根据畦田水流推进过程同步推求入渗参数和田面糙率[J]. 中国农村水利水电, 2013, (12): 77-79.

[50] 聂卫波, 马孝义, 康银红. 基于畦灌水流推进过程推求田面平均糙率的简化解析模型[J]. 应用基础与工程科学学报, 2007, (4): 489-495.

[51] 李力, 沈冰. 不同地表状况耕地的田面糙率研究[J]. 农业工程学报, 2008, 24(4): 72-75.

[52] MAHESHWARI B, MCMAHON T, TURNER A. Sensitivity analysis of parameters of border irrigation models [J]. Agricultural Water Management, 1990, 18(4): 277-287.

[53] BORA P, RAJPUT T. Spatial and temporal variability of Manning's n

in irrigation furrows[J]. Journal of Agricultural Engineering, 2003, 40(3)：35-42.

[54] 吕宏靖. 激光平地技术在高标准农田建设中的应用[J]. 农业科技与装备, 2015, (11)：63-64.

[55] 白岗栓, 杜社妮, 于健, 等. 激光平地改善土壤水盐分布并提高春小麦产量[J]. 农业工程学报, 2013, 29(8)：125-134.

[56] 张延林, 付德玉, 李天银. 激光平地技术引进示范推广[J]. 农业科技与信息, 2014, (5)：50-52.

[57] 王瑞萍, 王鹏, 梁春霞. 激光平地技术对秋浇灌溉效率的影响[J]. 海河水利, 2012, (2)：48-50.

[58] 徐睿智, 魏占民, 夏玉红, 等. 激光精细平地对畦田灌水质量的影响及节水效果分析[J]. 灌溉排水学报, 2012, 31(2)：6-9.

[59] 许迪, 李益农. 精细地面灌溉技术体系及其研究的进展[J]. 水利学报, 2007, 38(5)：529-537.

[60] 许迪, 李益农. 农业工程——精细地面灌溉技术体系及其研究的进展[J]. 中国学术期刊文摘, 2007, 13(24).

[61] 聂卫波, 费良军, 马孝义. 畦灌灌水技术要素组合优化[J]. 农业机械学报, 2012, 43(1)：83-88.

[62] 郑和祥, 史海滨, 郭克贞, 等. 不同灌水参数组合时田面坡度对灌水质量的影响研究[J]. 干旱地区农业研究, 2011, 29(6)：43-48.

[63] ZAPATA N, PLAYÁN E. Elevation and infiltration in a level basin. I. Characterizing variability [J]. Irrigation Science, 2000, 19 (4)：155-164.

[64] 许迪, 李益农, 李福祥, 等. 农田土地精细平整施工测量网格间距的适宜性分析[J]. 农业工程学报, 2005, 21(2)：51-55.

[65] DERICK A R. Irrigation uniformity with level basins[Z]. 1983.

[66] 白美健, 许迪. 畦面微地形空间变异性分析[J]. 水利学报, 2006, 37(7)：813-819.

[67] 白美健，许迪，李益农. 随机模拟畦面微地形分布及其差异性对畦灌性能的影响[J]. 农业工程学报，2006，22(6)：28-32.

[68] 李益农，许迪，李福祥. 田面平整精度对畦灌性能和作物产量影响的试验研究[J]. 水利学报，2000，12：82-87.

[69] 朱霞，缴锡云，王维汉，等. 微地形及沟断面形状变异性对沟灌性能影响的试验研究[J]. 灌溉排水学报，2008，27(1)：1-4.

[70] MAILHOLA J C, PRIOLA M, BENALIB M. A furrow irrigation model to improve irrigation practices in the Gharb valley of Morocco[J]. Agricultural Water Management，1999，42(1)：65-80.

[71] RENAULT D. Initial-inflow-variation impacts on furrow irrigation evaluation[J]. J. Irrig. and Drain. Eng. , ASCE，1996，122.

[72] GHARBI A, DAGHARI H, CHERIF K. Effect of flow fluctuations on free draining, sloping furrow and border irrigation systems [J]. Agricultural Water Management，1993，24(4)：299-319.

[73] RODRIGUEZ J A, MARTOS J C. SIPAR_ID：Freeware for surface irrigation parameter identification [J]. Environmental Modelling & Software，2010，25(11)：1487-1488.

[74] MISRA R. Spatially varied steady flow in irrigation canals [J]. Agricultural Water Management，1996，30(2)：217-235.

[75] CALEJO M J, LAMADDALENA N, TEIXEIRA J L, et al. Performance analysis of pressurized irrigation systems operating on-demand using flow-driven simulation models[J]. Agricultural Water Management，2008.

[76] 管孝艳，杨培岭，吕烨. 基于 IPARM 方法估算沟灌土壤入渗参数[J]. 农业工程学报，2008，24(1)：4.

[77] HORST M G, SHAMUTALOV S S, PEREIRA L S, et al. Field assessment of the water saving potential with furrow irrigation in Fergana, Aral Sea basin[J]. Agricultural Water Management，2005，

77(1-3)：210-231.

［78］SANTOS F L. Evaluation and adoption of irrigation technologies. I. Management-design curves for furrow and level basin systems［J］. Agricultural Systems，1996，52(2-3)：317-329.

［79］任开兴. 丘陵山区波涌沟灌试验及其技术要素优化［D］. 晋中：山西农业大学，2003.

［80］GARCIA-NAVARRO P，PLAYAN E，ZAPATA N. Solute transport modeling in overland flow applied to fertigation［J］. Journal of Irrigation and Drainage Engineering-Asce，2000，126(1)：33-40.

［81］ABBASI F，ADAMSEN F J，HUNSAKER D J，et al. Effects of flow depth on water flow and solute transport in furrow irrigation：field data analysis［J］. Journal of Irrigation & Drainage Engineering，2003，129(4)：237-246.

［82］ADAMSEN F J，HUNSAKER D J，PEREA H. Border strip fertigation：effect of injection strategies on the distribution of bromide ［J］. Transactions of the ASAE，2005，48(2)：529-540.

［83］WALTON R S，VOLKER R E，BRISTOW K L，et al. Experimental examination of solute transport by surface runoff from low-angle slopes ［J］. Journal of Hydrology，2000，233(1-4)：19-36.

［84］HOLZAPFEL E A，MARINO M A，CHAVEZ-MORALES J. Performance irrigation parameters and their relationship to surface-irrigation design variables and yield ［J］. Agricultural Water Management，1985，10(2)：159-174.

［85］BANDARANAYAKE W M，ARSHAD M A. Soil profile distributions of water and solutes following frequent high water inputs［J］. Soil & Tillage Research，2006，90(1-2)：39-49.

［86］JAYNES D B，RICE R C，HUNSAKER D J. Solute transport during chemigation of a level basin［J］. Transactions of the ASAE，1992，

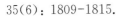

35(6)：1809-1815.

[87] IZADI B，KING B，WESTERMANN D，et al. Modeling Transport of Bromide in Furrow-Irrigated Field[J]. Journal of Irrigation & Drainage Engineering，1996，122(2).

[88] MAILHOL J C，CREVOISIER D，TRIKI K. Impact of water application conditions on nitrogen leaching under furrow irrigation：Experimental and modelling approaches［J］. Agricultural Water Management，2007，87(3)：275-284.

[89] 白美健，许迪，李益农. 冬小麦表施尿素畦灌下土壤水氮分布试验研究[J]. 水利学报，2010，41(10)：1254-1260.

[90] 梁艳萍，许迪，李益农，等. 畦灌施肥模式对土壤水氮时空分布的影响[J]. 水利学报，2008，39(11)：8.

[91] 马忠明，孙景玲，杨蕊菊，等. 不同施氮情况下小麦玉米间作土壤硝态氮的动态变化[J]. 核农学报，2010，24(5)：1056-1061+1085.

[92] 许祥富，林钊沐，林清火，等. 施氮量对橡胶园土壤铵态氮和硝态氮垂直分布的影响[J]. 热带农业科学，2009，29(5)：6.

[93] 高亚军，李生秀，李世清，等. 施肥与灌水对硝态氮在土壤中残留的影响[J]. 水土保持学报，2005，19(6)：4.

[94] 陈子明，袁锋明. 氮肥施用对土体中氮素移动利用及其对产量的影响[J]. 土壤肥料，1995(4)：36-42.

[95] 赵竟英，宝德俊. 潮土硝态氮移动规律及对环境的影响[J]. 农业环境保护，1996，(4)：166-169.

[96] 黄绍敏，张鸿程，宝德俊，等. 施肥对土壤硝态氮含量及分布的影响及合理施肥研究[J]. 生态环境学报，2000，9(3)：201-203.

[97] 李生秀，李世清，高亚军，等. 施用氮肥对提高旱地作物利用土壤水分的作用机理和效果[J]. 干旱地区农业研究，1994，12(1)：38-46.

[98] BURGUETE J，ZAPATA N，GARCÍA-NAVARRO P，et al. Fertigation in furrows and level furrow systems. I：Model description

and numerical tests[J]. Journal of Irrigation and Drainage Engineering, 2009, 135(4): 401-412.

[99] SOROUSH F, FENTON J, MOSTAFAZADEH-FARD B, et al. Simulation of furrow irrigation using the Slow-change/slow-flow equation[J]. Agricultural Water Management, 2013, 116: 160-174.

[100] GREEN W, AMPT G. Studies in soil physics: I. The flow of air and water through soils[J]. The Journal of Agricultural Science, 1911, 4: 1-24.

[101] RICHARDS L A. Capillary conduction of liquids through porous mediums[J]. Physics, 1931, 1(5): 318-333.

[102] PHILIP J R. The theory of infiltration: 4. Sorptivity and algebraic infiltration equations[J]. Soil science, 1957, 84(3): 257-264.

[103] KOSTIAKOV A N. On the dynamics of the coefficient of water percolation in soils and the necessity of studying it from the dynamic point of view for the purposes of amelioration [J]. Trans. Sixth Comm. Int. Soc. Soil Sci. , 1932, 1: 7-21.

[104] HORTON R. An approach towards the physical interpretation of infiltration-capacity[J]. Soil Science Society of America Proceedings, 1940, 5: 399-417.

[105] 方正三，杨文治，周佩华. 黄河中游黄土高原梯田的调查研究 [M]. 北京: 科学出版社. 1959.

[106] SMITH R E. The infiltration envelope: results from a theoretical infiltrometer[J]. Journal of Hydrology, 1972, 17(1-2): 1-22.

[107] 蒋定生，黄国俊. 黄土高原土壤入渗速率的研究[J]. Acta Pedologica Sinica, 2013, 23(4): 299-305.

[108] IGBOEKWE M U, ADINDU R U. Use of Kostiakov's infiltration model on Michael Okpara University of Agriculture, Umudike soils, southeastern, Nigeria[J]. Journal of Water Resource and Protection, 2014.

[109] IGBADUN H，IDRIS U. Performance evaluation of infiltration models in a hydromorphic soil[J]. Nigerian Journal of Soil and Environmental Research，2007，7：53-59.

[110] 于泾，樊贵盛. 基于神经网络方法的季节性冻土 Kostiakov 入渗模型参数预测[J]. 灌溉排水学报，2016，35(8)：92-97.

[111] 王家智. Kostiakov 模型在辽西低山丘陵区土壤水分中的应用[J]. 水科学与工程技术，2015，(6)：35-37.

[112] 武雯昱，樊贵盛. 耕作后土壤水分入渗参数 BP 预报模型[J]. 人民黄河，2018，40(2)：148-151.

[113] 范严伟，赵文举，冀宏. 膜孔灌溉单孔入渗 Kostiakov 模型建立与验证[J]. 兰州理工大学学报，2012，38(3)：61-66.

[114] SINGH V，BHALLAMUDI S M. Complete hydrodynamic border-strip irrigation model [J]. Journal of Irrigation and Drainage Engineering，1996，122(4)：189-197.

[115] SHATANAWI M R，STRELKOFF T. Management contours for border irrigation[J]. Journal of Irrigation and Drainage Engineering，1984，110(4)：393-399.

[116] 刘钰，惠士博. 畦田最优灌水技术参数组合的确定[J]. 水力学报，1986，(1)：11-24.

[117] 刘钰，惠士博. 畦灌水流运动的数学模型及数值计算[J]. 水利学报，1987，2：1-10.

[118] 刘才良，路振广. 成层土上畦灌非恒定流方程的求解[J]. 河海大学学报（自然科学版），1993，(3)：59-65.

[119] 李建文. 畦灌灌水过程模拟与灌水参数优化研究 [D]. 太原：太原理工大学，2014.

[120] 谢崇宝，许迪，黄斌，等. 基于全水动力学模型的波涌灌溉管理系统[J]. 水利学报，2002，33(4)：0075-0080.

[121] WANG Y，LIANG Q，KESSERWANI G，et al. A positivity-

preserving zero-inertia model for flood simulation[J]. Computers & Fluids, 2011, 46(1): 505-511.

[122] FERNÁNDEZ-PATO J, MORALES-HERNÁNDEZ M, GARCÍA-NAVARRO P. Implicit 2D surface flow models performance assessment: Shallow Water Equations vs. Zero-Inertia Model[C]// proceedings of the E3S Web of Conferences. Paris. EDP Sciences, 2018(40):05008.

[123] MCCLYMONT D. Development of a decision support system for furrow and border irrigation [D]. Brisbane: University of Southern Queensland, 2007.

[124] STRELKOFF T, FALVEY H. Numerical methods used to model unsteady canal flow [J]. Journal of Irrigation and Drainage Engineering, 1993, 119(4): 637-655.

[125] 吴军虎, 费良军, 王文焰, 等. 根据零惯量模型推求膜孔灌溉田面综合糙率系数[J]. 西安理工大学学报, 2003, 19(2): 130-134.

[126] 张新民, 胡想全. 畦灌灌水要素决策服务系统[J]. 灌溉排水学报, 2007, 26(3): 65-68.

[127] OWEIS T, WALKER W. Zero-inertia model for surge flow furrow irrigation[J]. Irrigation Science, 1990, 11(3): 131-136.

[128] 李志新, 许迪, 李益农, 等. 畦灌施肥地表水流与非饱和土壤水流-溶质运移集成模拟: Ⅰ 模型[J]. 水利学报, 2009, 40(6): 673-678+687.

[129] WALKER W R, HUMPHERYS A S. Kinematic-wave furrow irrigation model[J]. Journal of Irrigation and Drainage Engineering, 1983, 109(4): 377-392.

[130] 闫治国, 樊贵盛. 基于 VB2005 的运动波模型地面灌溉参数优化计算[J]. 科技情报开发与经济, 2007, 17(14): 200-201.

[131] 周振民, 刘月. 畦田灌溉水流演进计算简化模型研究[J]. 灌溉排水学报, 2005, 24(2): 23-26.

[132] 李志新，许迪，李益农. 畦灌施肥条件下地表水流溶质运移模型研究[J]. 干旱地区农业研究，2009，27(1)：147-151.

[133] VALIPOUR M. Comparison of surface irrigation simulation models：full hydrodynamic，zero inertia，kinematic wave [J]. Journal of Agricultural Science，2012，4(12)：68.

[134] KHASRAGHI M，SEFIDKOUHI G. Simulation of open-and closed-end border irrigation systems using SIRMOD [J]. Archives of Agronomy and Soil Science，2015，61(7)：929-941.

[135] MEHANNA H，ABDELHAMID M，SABREEN K，et al. SIRMOD model as a management tool for basin irrigation method in calcareous soil[J]. International Journal of ChemTech Research，8：39-44.

[136] CLARK B，HALL L，DAVIDS G，et al. Application of SIRMOD to evaluate potential tailwater reduction from improved irrigation management [C]//Proceedings of the World Environmental and Water Resources Congress 2009：Great Rivers. Qunn Loring：ASCE Library，2009.

[137] 郑和祥，史海滨，朱敏，等. 基于 SIRMOD 模型的畦灌入渗参数估算及灌溉模拟[J]. 农业工程学报，2009，(11)：29-34.

[138] 黎平，胡笑涛，蔡焕杰，等. 基于 SIRMOD 的畦灌质量评价及其技术要素优化[J]. 人民黄河，2012，34(4)：77-80.

[139] BAUTISTA E，CLEMMENS A J，STRELKOFF T S，et al. Modern analysis of surface irrigation systems with WinSRFR[J]. Agricultural Water Management，2009，96(7)：1146-1154.

[140] BAUTISTA E，CLEMMENS A J，STRELKOFF T S，et al. Analysis of surface irrigation systems with WinSRFR—Example application[J]. Agricultural Water Management，2009，96(7)：1162-1169.

[141] 彭遥，周蓓蓓，王全九，等. 关中地区畦田改造对灌水质量的影响[J]. 排灌机械工程学报，2017，35(8)：716-724.

[142] 白寅祯，魏占民，张健. 基于 winSRFR 河套灌区小麦不同面积不同生

育期的入渗参数和糙率的研究[J]. 节水灌溉，2017，(1)：16-19.

[143] GILLIES M，SMITH R. SISCO：surface irrigation simulation，calibration and optimisation[J]. Irrigation Science，2015，33 (5)：339-355.

[144] PLAYÁN E，FACI J，SERRETA A. Characterizing microtopographical effects on level-basin irrigation performance[J]. Agricultural Water Management，1996，29(2)：129-145.

[145] KHANNA M，MALANO H M. Modelling of basin irrigation systems：A review[J]. Agricultural Water Management，2006，83(1-2)：87-99.

[146] HAN D. Concise Hydraulics [M]. Bookboon，2008.

[147] YOST S A，RAO P M. A non-oscillatory scheme for open channel flows[J]. Advances in Water Resources，1998，22(2)：133-143.

[148] GARCÍA-NAVARRO P，PLAYÁN E，ZAPATA N. Solute transport modeling in overland flow applied to fertigation [J]. Journal of Irrigation and Drainage Engineering，2000，126(1)：33-40.

[149] LEVEQUE R J. Finite volume methods for hyperbolic problems [M]. Cambridge：Cambridge University Press，2002.

[150] WALKLEY M，BERZINS M. A finite element method for the two - dimensional extended Boussinesq equations[J]. International Journal for Numerical Methods in Fluids，2002，39(10)：865-885.

[151] ZHANG S，XU D，LI Y. A one-dimensional complete hydrodynamic model of border irrigation based on a hybrid numerical method[J]. Irrigation Science，2011，29(2)：93-102.

[152] ZARMEHI F，TAVAKOLI A. A simple scheme to solve saint-venant equations by finite element method [J]. International Journal of Computational Methods，2016，13(1)：1650001.

[153] BARROS R M，TIAGO FILHO G L，DOS SANTOS I F S. Case

studies for solving the Saint-Venant equations using the method of characteristics: Pipeline hydraulic transients and discharge propagation [J]. International Journal of Fluid Machinery and Systems, 2015, 8(1): 55-62.

[154] AFSHAR M, ROHANI M, TAHERI R. Simulation of transient flow in pipeline systems due to load rejection and load acceptance by hydroelectric power plants[J]. International Journal of Mechanical Sciences, 2010, 52(1): 103-115.

[155] RAO C K, ESWARAN K. Pressure transients in incompressible fluid pipeline networks[J]. Nuclear Engineering and Design, 1999, 188(1): 1-11.

[156] KATRAŠNIK T. Improved model to determine turbine and compressor boundary conditions with the method of characteristics[J]. International Journal of Mechanical Sciences, 2006, 48(5): 504-516.

[157] AFSHAR M, ROHANI M. Water hammer simulation by implicit method of characteristic[J]. International Journal of Pressure Vessels and Piping, 2008, 85(12): 851-859.

[158] STRELKOFF T. Algebraic computation of flow in border irrigation [J]. Journal of the Irrigation and Drainage Division, 1977, 103(3): 357-377.

[159] ESFANDIARI M, MAHESHWARI B. Field values of the shape factor for estimating surface storage in furrows on a clay soil[J]. Irrigation Science, 1997, 17(4): 157-161.

[160] VALIANTZAS J D. Volume balance irrigation advance equation: variation of surface shape factor[J]. Journal of Irrigation and Drainage Engineering, 1997, 123(4): 307-312.

[161] BAUTISTA E, STRELKOFF T, CLEMMENS A. Improved surface volume estimates for surface irrigation volume-balance calculations[J].

Journal of Irrigation and Drainage Engineering，2012，138（8）：715-726.

［162］LALEHZARI R，NASAB S B. Improved volume balance using upstream flow depth for advance time estimation［J］. Agricultural Water Management，2017，186：120-126.

［163］李久生，饶敏杰. 地面灌溉水流特性及水分利用率的田间试验研究［J］. 农业工程学报，2003，019（3）：54-58.

［164］李益农，许迪，李福祥. 影响水平畦田灌溉质量的灌水技术要素分析［J］. 灌溉排水，2001，20（4）：10-14.

［165］史学斌，马孝义. 关中西部畦灌优化灌水技术要素组合的初步研究［J］. 灌溉排水学报，2005，24（2）：39-43.

［166］中国灌溉排水发展中心. 节水灌溉工程技术规范［M］. 北京：中国计划出版社，2018.

［167］林性粹. 旱区农田节水灌溉技术［M］. 北京：农业出版社，1991.

［168］CHEN B，OUYANG Z，SUN Z，et al. Evaluation on the potential of improving border irrigation performance through border dimensions optimization：a case study on the irrigation districts along the lower Yellow River［J］. Irrigation Science，2013，31（4）：715-728.

［169］马尚宇，于振文，石玉，等. 不同灌溉畦长对小麦光合特性，干物质积累及水分利用效率的影响［J］. 应用生态学报，2014，25（4）：997-1005.

［170］GILLIES M，SMITH R，WILLIAMSON B，et al. Improving performance of bay irrigation through higher flow rates［C］// Proceedings of the Australian Irrigation Conference and Exibition 2010：Proceedings，2010. Irrigation Australia Ltd.

［171］MORRIS M R，HUSSAIN A，GILLIES M H，et al. Inflow rate and border irrigation performance［J］. Agricultural Water Management，2015，155：76-86.

［172］黄泽军，黄兴法，张洲笔. 入畦单宽流量对春小麦耗水及其产量的影响

研究[J]. 节水灌溉，2019，(6)：14-17.

[173] 王维汉. 畦灌影响因素变异规律及灌水技术要素稳健设计 [D].南京：河海大学，2009.

[174] MALANO H M, PATTO M. Automation of border irrigation in South-East Australia：an overview [J]. Irrigation and Drainage Systems，1992，6(1)：9-26.

[175] SANTOS F L. Evaluation and adoption of irrigation technologies：management-design curves for Furrow and Level Basin systems[J]. Agricultural Systems，1996，52(2/3)：317-329.

[176] 白美健，李益农，涂书芳，等. 畦灌关口时间优化改善灌水质量分析[J]. 农业工程学报，2016，32(2)：105-110.

[177] 王维汉，缴锡云，朱艳，等. 畦灌改水成数的控制误差及其对灌水质量的影响[J]. 中国农学通报，2010，26(2)：291-294.

[178] 马娟娟，孙西欢，郭向红，等. 畦灌灌水技术参数的多目标模糊优化模型[J]. 排灌机械工程学报，2010，28(2)：160-163＋178.

[179] 范雷雷，史海滨，李瑞平，等. 河套灌区畦灌灌水质量评价与优化[J]. 农业机械学报，2019，(6)：36.

[180] 朱大炯. 畦灌灌水质量评价及其灌水技术参数优化 [D].咸阳：西北农林科技大学，2015.

[181] 涂书芳. 基于人工神经网络的地面灌溉系统评价与优化设计方法研究[D]. 北京：中国水利水电科学研究院，2015.

[182] 缴锡云，王维汉，王志涛，等. 基于田口方法的畦灌稳健设计[J]. 水利学报，2013，44(3)：349-354.

[183] KIFLE M, TILAHUN K, YAZEW E. Evaluation of surge flow furrow irrigation for onion production in a semiarid region of Ethiopia [J]. Irrigation Science，2008，26(4)：325-333.

[184] ISMAIL S M, DEPEWEG H, SCHULTZ B. Surge flow irrigation under short field conditions in Egypt[J]. Irrigation and Drainage：The

Journal of the International Commission on Irrigation and Drainage, 2004，53(4)：461-475.

[185] 辛琪，林少喆，王妮娜，等. 间隔交替波涌灌溉对冬小麦土壤水分与水分利用效率的影响[J]. 灌溉排水学报，2019，38(1)：21-25.

[186] 张元元，孙晓琴，王春堂，等. 不同波涌畦灌对冬小麦茎秆抗倒伏能力的影响[J]. 灌溉排水学报，2018，37(3)：23-27.

[187] HORST M，SHAMUTALOV S S，GONCALVES J，et al. Assessing impacts of surge-flow irrigation on water saving and productivity of cotton[J]. Agricultural Water Management，2007，87(2)：115-127.

[188] KIFLE M，GEBREMICAEL T，GIRMAY A，et al. Effect of surge flow and alternate irrigation on the irrigation efficiency and water productivity of onion in the semi-arid areas of North Ethiopia[J]. Agricultural Water Management，2017，187：69-76.

[189] 汪志荣，王文焰，沈晋，等. 波涌灌溉灌水方案优化设计[J]. 西北水资源与水工程，1996，(3)：3-9.

[190] 孟元元，康国玺，张建生. 波涌灌溉条件下西兰花种植效益初步分析[J]. 湖南农业科学，2010，(9)：117-119.

[191] 王文焰，费良军，汪志荣，等. 浑水波涌灌溉的节水机理与效果[J]. 水利学报，2001，5：5-10+16.

[192] 孙晓琴，吴强，鞠茜茜，等. 低压管灌条件下波涌畦灌灌水质量评价[J]. 灌溉排水学报，2016，35(6)：54-58.

[193] ALAZBA A. Simulating furrow irrigation with different inflow patterns[J]. Journal of Irrigation and Drainage Engineering，1999，125(1)：12-18.

[194] VALIPOUR M. Increasing irrigation efficiency by management strategies：cutback and surge irrigation[J]. Journal of Agricultural and Biological Science，2013，8(1)：35-43.

[195] VÁZQUEZ-FERNÁNDEZ E，LÓPEZ-TELLEZ P，CHAGOYA-

AMADOR B. Comparison of water distribution uniformities between increased-discharge and continuous-flow irrigations in blocked-end furrows[J]. Journal of Irrigation and Drainage Engineering, 2005, 131(4): 379-382.

[196] LIU K, JIAO X, GUO W, et al. Improving border irrigation performance with predesigned varied-discharge[J]. Plos One, 2020, 15(5): e0232751.

[197] REDDELL D, LATIMER E. Advance rate feedback irrigation system (ARFIS)[J]. American Society of Agricultural Engineers Microfiche collection (USA), 1986.

[198] LATIMER E, REDDELL D. Components for an advance rate feedback irrigation system (ARHS)[J]. Transactions of the ASAE, 1990, 33(4): 1162-1170.

[199] CLEMMENS A, KEATS J. Bayesian inference for feedback control. II: Surface irrigation example[J]. Journal of Irrigation and Drainage Engineering, 1992, 118(3): 416-432.

[200] KHATRI K L, SMITH R. Toward a simple real - time control system for efficient management of furrow irrigation[J]. Irrigation and Drainage: The journal of the International Commission on Irrigation and Drainage, 2007, 56(4): 463-475.

[201] KOECH R, SMITH R, GILLIES M. A real-time optimisation system for automation of furrow irrigation[J]. Irrigation Science, 2014, 32 (4): 319-327.

[202] 白美健, 李益农, 许迪, 等. 精细地面灌溉实时反馈控制技术适应性分析[J]. 灌溉排水学报, 2014, 33(4): 112-117.

[203] 吴彩丽, 许迪, 白美健, 等. 精准畦灌过程实时反馈控制技术[J]. 排灌机械工程学报, 2020, 38(5): 536-540.

[204] LIU X, QIU J, ZHANG D. Characteristics of slope runoff and soil

water content in Benggang colluvium under simulated rainfall[J]. Journal of Soils & Sediments, 2018.

[205] 张强伟, 亢勇. 初始含水率对微润灌土壤水盐运移的影响[J]. 现代农业科技, 2018, (13): 4.

[206] 张豫川, 刘智璠, 高旭龙, 等. 非饱和黄土场地水分入渗规律及影响因素的现场试验与数值模拟[J]. 科学技术与工程, 2023, 23 (3): 965-972.

[207] 武敏冯绍元. 不同地下水埋深土壤水分入渗规律研究[J]. 灌溉排水学报, 2019, (S1): 79-81.

[208] LIU H, LEI T W, ZHAO J, et al. Effects of rainfall intensity and antecedent soil water content on soil infiltrability under rainfall conditions using the run off-on-out method[J]. Journal of Hydrology, 2011, 396(1-2): 24-32.

[209] 吴沿友, 胡林生, 谷睿智, 等. 两种土壤含水量与水势关系[J]. 排灌机械工程学报, 2017, 35(4): 6.

[210] 李宗毅, 张安琪, 荣旭, 等. 土壤初始含水率对管渠灌溉水分入渗特性的影响[J]. 山东农业大学学报(自然科学版), 2021, (2): 052.

[211] 郑太辉, 汤崇军, 徐铭泽, 等. 不同水保措施下红壤坡耕地浅层土壤水分含量对降雨的响应[J]. 水土保持研究, 2020, 27(5): 7.

[212] 徐旭, 席越, 姚文娟. 基于降雨入渗全过程的非饱和湿润峰模型[J]. 水利学报, 2019, 50(9): 8.

[213] 高卓卓, 郑志伟. 基于 WinSRFR 5.1 的地面灌水技术不确定性研究[J]. 节水灌溉, 2021, (2): 4.

[214] 王洋, 伍娟, 黄兴法, 等. 民勤地区畦灌春玉米改水成数田间试验研究[J]. 节水灌溉, 2020, (2): 22-26.

[215] ZERIHUN D, SANCHEZ C A, FURMAN A, et al. Coupled Surface—Subsurface Solute Transport Model for Irrigation Borders and Basins. II. Model Evaluation[J]. Journal of Irrigation and Drainage

Engineering，2005，131(5)：407-419.

［216］郭元裕. 农田水利学［M］. 北京：水利水电出版社，1980.

［217］KHATRI K L，MEMON A A，SHAIKH Y，et al. Real-time modelling and optimisation for water and energy efficient surface Irrigation［J］. Journal of Water Resource and Protection，2013，5(7)：681-688.

［218］KOECH R K，SMITH R J，GILLIES M H. Evaluating the performance of a real-time optimisation system for furrow irrigation ［J］. Agricultural Water Management，2014，142：77-87.